CONTENTS

EVERY DAY

언제나 머물고 싶은 키친 만들기

KITCHEN

002
센스있는 사람의
아름다운 키친

022
열린 수납으로
느끼는 쾌적함

030
물건이 많아도
멋스러워 보이는
디스플레이 레슨

033
정리 & 수납의
규칙과 아이디어

038
매력적인 수납
아이디어 수첩

042
사람들이 모이는
맛있는 공간

061
나에게 맞는
키친으로 바꾸는
DIY

068
바다를 느끼는
BEACH STYLE
KITCHEN

076
심플하게 산다!
그 사람의 키친

086
틀에 박히지 않은
리폼으로 완성한
편리한 키친

088
쾌적함이 최우선!
키친 리폼하기

096
작은 집의
아이디어 키친!

100
주방 선정과
플래닝의 비결

103
실제사례로 보는
멋진 설비 &
메이커 가이드

106
좋아하는 것들로
가득 찬
기분 좋은 키친

120
손님 오는 날의
인테리어 & 식탁

센스있는 사람의 아름다운 키친

일상생활의 아름다움과 나만의 철학을 유지하며 살아가는 사람들의 키친 4곳을 소개합니다!

🍴 계절의 변화를 느끼며
자연과 하나 되는 장소

Job_ 앤티크 숍 오너
Name_ 크리스텔 르슈발리에 = 라르티그 씨

crepes
au sucre
au Rhum Blanc
au grand Marnier

01.앤티크 가구와 소품은 모두 수십, 수백 년이나 된 것. 오래 쌓인 세월이 자아내는 특유의 존재감이 인테리어에 멋을 더한다.
02.벼룩시장에서 발견한 비취색 플레이트. 03.가르드망제(Garde manger)로 불리는 낡은 식품 수납박스도 보인다.

한적한 마을에 있는 세련된 단독주택, 그 안의 삶과 생활

파리에서 약 200km, 낙농업이 발달한 노르망디 지방의 입구 마을에 위치한 르슈발리에 씨의 집. 녹음이 짙은 넓은 정원 안에 우두커니 서 있는 사랑스러운 석조주택은 놀랍게도 약 130년 전에 세워진 건물이라고 한다.

파리 부르주아의 별장으로 쓰이기도 했다는, 여러 가지 이야기를 담고 있는 이 집을 크리스텔 씨와 남편인 다비드 씨가 구입한 것은 2000년의 일. 아들이 태어나면서 그에 맞게 리폼을 거듭했고, 자택 내에 앤티크 숍을 오픈하는 등 여러 과정을 거쳐 현재의 세련된 집으로 변신했다.

"주방을 가장 많이 손봤어요. 자연 속에 녹아드는 듯한 이 느낌이 참 좋아요."

만면에 미소를 띠며 크리스텔 씨가 말했다.

나무 도마 위에서 바게트 자르기.
평범한 일상의 장면도 매력적이다.

04."배고파~!"하며 정원에서 뛰어들어오는 매튜. 매일 소풍 온 기분이다. 봄부터 여름까지 점심은 늘 정원에서 먹는다고. 05.06.수북이 담긴 체리와 프로슈토. 꾸밈없이 자연스럽게 담아도 멋스럽다. 풍부한 자연의 열매를 감사히 먹는다.

옛 모습 그대로 남겨두고 싶은 앤티크 가구

인더스트리얼 감성과 천연목, 리넨 등 내추럴 소재의 절묘한 믹스매치가 더없이 멋지다.

01.앤티크 가구인 작업 테이블을 싱크대와 나란히 두어 아일랜드 식탁처럼 사용한다. 02.평소 즐겨 쓰는 그릇은 모두 화이트. 5년 전부터 벼룩시장에서 사 모은 것들.

마치 정원에 있는 것처럼 빛이 쏟아져 들어오는 기분 좋은 공간

겨울이 어둡고 긴 만큼 봄과 여름의 태양을 좋아하는 프랑스인들. 크리스텔 씨는 3월이면 더 참지 못하고 정원에서의 런치를 시작한다고 한다.
"아이들도 정원에서 먹는 것을 좋아해서 그릇을 같이 옮기고 상차림을 도와줘요."
2년 전, 주방을 고치며 만든 커다란 창 덕분에 집에서 가장 밝은 곳이 되었다. 공장 느낌의 창틀과 아끼는 앤티크 소품 등 크리스텔 씨가 좋아하는 물건이 가득한 주방. 이제는 온 가족이 가장 좋아하는 공간이 되었다.

03.정원에서 꺾어온 꽃으로 테이블 위를 장식했다. 04.낡은 트롤리 왜건을 싱크대 아래에 넣어두고 사용한다. 05."고가구의 손때 묻은 부드러운 느낌이 좋아서 이 모습 그대로 오래 즐기고 싶어요. 가족이 모이는 장소에는 마음이 편안해지는 이런 가구가 좋아요."

TYPE. I형 / 붙박이

SPACE. 약 49.7 m² (LDK)

Q 어떤 주방을 만들고 싶었나?

A 정원과 이어진 듯한, 자연과 일체화된 주방

Q 특히 신경 쓴 부분은?

A 창을 크게, 특히 정원 쪽은 전면창으로 했다. 인더스트리얼 소재와 내추럴한 목재, 리넨 등을 조합했다.

Q 마음에 드는 부분은?

A 집에서 가장 밝고(개조 전에는 어두웠다) 바람이 통하는 공간이 되었다. 요리를 즐겨서 여기에서 보내는 시간이 가장 즐겁다.

Q 설치하길 잘했다고 생각하는 설비 또는 부품은?

A 벼룩시장에서 찾아낸 수납장이 의외로 주방에 딱 맞고 수납력도 좋았다.

벼룩시장에서 산 식탁은 이 집과 마찬가지로 1880년대 제품. 가족의 이니셜 플레이트로 벽장식을 했다.

01

02

가족이 모이는 장소는 편안한 느낌의 가구로

01.거실. 군용 간이침대는 낮잠용으로 인기 만점이다. 02.03.자택 1층의 앤티크 숍 공간. 인더스트리얼 디자인, 천연 소재 등을 중심으로 모은 제품들이 있다. 디스플레이에도 크리스텔 씨의 감각이 빛난다. 04.현관 옆의 작업 공간. 노트 등은 무지(MUJI) 것으로 통일. 벽에는 아이들에게 남기는 메시지와 사진이 붙어 있다.

03

04

PROFILE
도쿄 히로오에 본점을 둔 라이프스타일 숍 〈F.O.B
COOP(http://www.fobcoop.jp)〉의 오너. 의식주
전반에 걸쳐 쾌적하고 센스있는 생활 제안이 폭넓은
세대로부터 지지를 받고 있다.

거실과 주방의 벽은 새하얗게. "하얀 벽은 사람을 아름다워 보이게 하는 캔버스라고 생각해요. 벽에 반사된 태양 빛이나 조명 그림자도 예쁘죠."

01.달콤한 디저트와 함께 하는 오후 한때. **02.**바다를 보며 요리할 수 있게 배치한 주방은 거실, 식탁으로 이어지는 동선이 매끄럽다. 생활감이 묻어나는 냉장고는 맨 안쪽의 식품저장실에 두었다. **03.**디자인이 예쁜 것은 물론, 손에 잘 잡히고 사용감도 좋은 라귀올(laguiole)의 커트러리.

느긋이 바다를 즐길 수 있는 식탁이 나의 지정석

04.신을 신은 채로 생활할 수 있는 콘크리트 바닥. 작은 금과 페인트 벗겨진 자국이 멋을 더한다. **05.**바다가 보이는 식탁에서 생각을 정리하거나 간단한 업무 정리를 한다. 마음이 편안해지는, 가장 좋아하는 장소.

과일가게에서 쓰였던 선반을 식기장으로 쓴다. 바구니와 큰 그릇, 케이크 스탠드 등을 올려놓았다.

거실과 주방은 기본인 화이트 위에 블랙을 곁들였다. 주방가전과 조리도구 등은 중성적인 디자인을 선호한다. 심플하고 기능적인 해외제품이 많다.

아름다움을 중시하는 생활감각

포인트가 되는 장소에 덩이가 큰 화이트&그린 식물을 두었다. 화려한 것보다는 심플하지만 힘 있는 소재가 좋다.

01.유리, 불가사리 등의 장식품을 모아 시원하게 꾸미고 새하얀 장미 캔들을 곁들였다. 02.벽에 녹아들 듯한 수납장 위는 디스플레이 무대로 활용.

쾌적한 생활을 탐하다

유럽 생활용품과 오리지널 아이템을 생활 속에 제안하는 라이프스타일 숍 〈F.O.B COOP〉의 오너인 마스나가 씨가 숍을 연 이래 관철해온 것은 "매일 사용하는 것일수록 더 좋은 것으로"라는 정책이다.

"무엇이 나를 쾌적하게 하고 행복하게 하는지, 더욱 이기적으로 추구해야 해요. 진짜 풍요로운 삶은 그 후에 보이니까."

그런 고집이 잘 드러난 지바 해안의 주말 하우스. 주방과 거실은 벽 대신 큰 유리를 써서 대자연을 바라보며 하루종일 지낼 수 있는 넓은 공간이 되었다. 흰색 벽에 콘크리트 바닥. 철저하게 심플하다.

남편의 개인실. 모던한 공간 안에 공예품 등 온기 도는 아이템을 장식하여 아늑하게 꾸몄다.

03. 식당의 캐비닛에는 손님이 많이 왔을 때를 대비해 같은 모양의 사기그릇을 많이 넣어두었다.
04. 거실 유리장에는 모로코나 프랑스의 주전자 등 추억이 담긴 실버 계열의 아이템을 늘어놓았다.

"매일 사용하는 아이템은 나를 대변해주지요."
신혼시절, 밥솥의 디자인이 마음에 들지 않아 냄비밥을 하고, 소파의 광택이 아쉬워서 에나멜 소재로 바꾼 적도 있다. 옛날부터 고집이 상당했다. 숍을 연 후 때때로 유럽을 방문하고 감성에 맞는 아이템을 찾아온다.
지금은 널리 유통되고 있는 프랑스 듀라렉스 사의 글라스는 30년 전 마스나가 씨가 미국의 카페에서 발견하고 그 아름다움과 사용감에 반해 일본으로 직수입해온 것이다.
"이 집에는 숨겨둘 물건이 하나도 없어요. 모두 다 오래 쓰고 싶어요. 멋진 것들에 둘러싸여 기분 좋게 사는 거죠."
앞으로도 풍요로운 삶을 위한 좋은 제안을 계속하고 싶다고 한다.

보기 좋게 페인트칠이 벗겨진 캐비닛은 남프랑스의 노포에서 온 것. 15년 전 파리의 〈메종 에 오브제〉에서 만났다.

Kitchen Story

TYPE. I 형 / 아일랜드 + 백 카운터

Q 어떤 주방을 만들고 싶었나?

A 친구들을 초대해 시끌벅적하게 지내는 것을 좋아해서 누구나 자유롭게 쓸 수 있는 오픈 키친으로 꾸몄다. 집 바로 앞에 바다가 있어 바다를 바라보며 요리할 수 있게 만들고자 했다.

Q 특히 신경 쓴 부분은?

A 식료품과 잡화를 많이 수납할 수 있는 저장실. 미닫이문으로 깔끔하게 감출 수 있어 더 좋다. 냉장고도 그 안에 있다. 또 조리대 앞을 한 단 높게 하여 요리하는 손이 가려지게 했다.

Q 마음에 드는 부분은?

A 탁 트인 바다가 보여 개방감 있고 오픈키친이라 사람들이 자유롭게 이용할 수 있는 점. 식사공간과 이어져 있어 음식 내기에 좋다는 점.

Q 설치하길 잘했다고 생각하는 설비 또는 부품은?

A 가전제품은 해외의 심플&기능적&중성적 디자인으로 골랐다(일본의 가전제품은 주방일을 하지 않는 남성이 만들어낸 디자인인 듯, 멋이 없다! (웃음))

파리에서 자란 부부가 선택한 시골 마을 유치원

파리에서 특급열차로 약 2시간 걸리는 마을 낭트(Nantes). 거기서 작은 전차로 갈 아타고 중간에 내려 차로 다시 20분. 풀을 뜯거나 낮잠을 자는 소들을 옆으로 하고 걷다 보면 갑자기 눈앞에 귀여운 집들이 나타난다.

레퀴에 씨 일가의 집은 이 마을의 유치원이었던 건물. 학교, 공장 등등……. 프랑스의 집들을 취재하다 보면 다양한 집의 과거와 만나는데, 그중에서도 유치원은 드물다. 개성적인 느낌을 예상했지만, 막상 발을 들이고 보니 실내는 의외로 심플했다. 천장이 높고 동선에 무리가 없는, 무척 살기 좋은 집이다.

〈이케아〉의 키친을 베이스로 모노톤 × 나무소재로
시크&내추럴 분위기의 키친이 완성되었다.

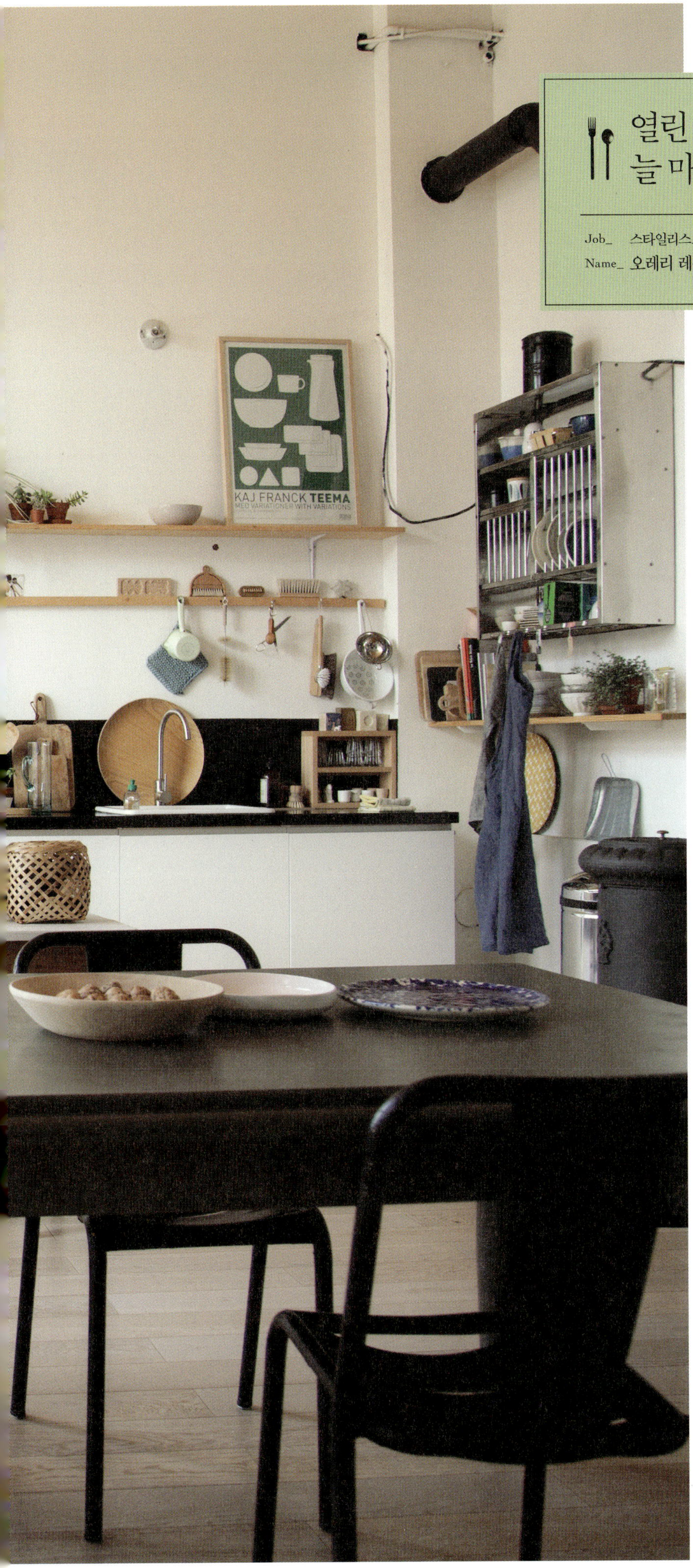

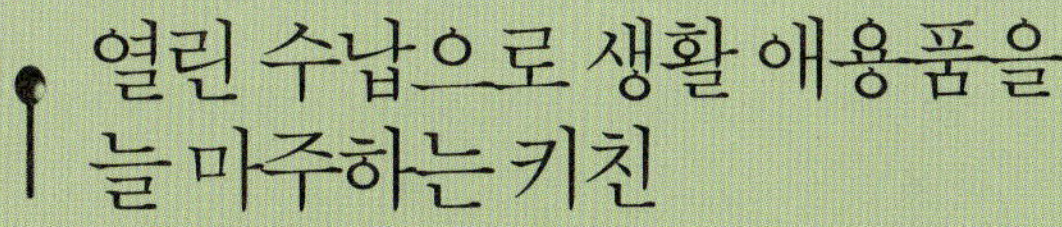

열린 수납으로 생활 애용품을 늘 마주하는 키친

Job_ 스타일리스트, 사진작가

Name_ 오레리 레퀴에 씨

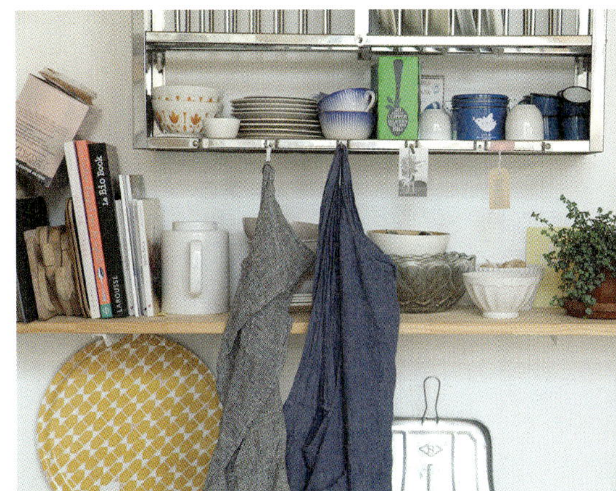

〈체체〉의 인디언키친과 내추럴 목재 선반을 조합하여 코너의 분위기가 부드러워졌다.

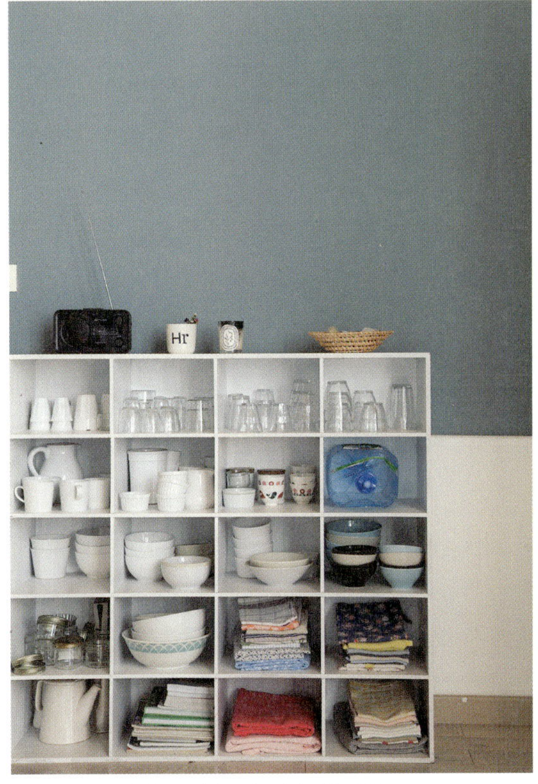

식기와 테이블 리넨을 보이게 수납. 격자 모양 칸으로 구분하여 소재와 아이템별로 수납한 감각이 귀엽다.

PROFILE

웹사이트 스타일리스트 겸 사진작가로 활약하는 오레리 씨. 남편과 7세, 4세 아들, 1세 딸로 구성된 5인 가족. 일과 육아로 바쁜 워킹맘이다.

"이 집을 발견하자 제가 사자고 했어요. 남편은 손을 많이 봐야 할 것 같다며 망설였지만……."
파리에서 자란 레퀴에 씨 부부가 시골살이를 생각하기 시작한 것은 장남인 구스타브가 태어났을 무렵. 남자아이기
도 하고, 도시의 작은 아파트에서 갑갑하게 키우기보다는 초원에서 건강하게 뛰놀며 자연 속에서 튼튼하게 자라길
바라는 마음에 시골 마을 낭트로 왔다.
생활환경이 갑작스레 변하면 부부에게 스트레스가 될까 싶어 조금 번화한 거리에서 집을 찾아다녔지만 생각했던
물건이 잘 나타나지 않았고, 결국 근교의 시골 마을에서 이 유치원 건물을 찾아냈다.
"어린아이들 수십 명이 뛰어놀던 곳이니 언뜻 봐도 튼튼해 보이고, 우리 아이들이 아무리 거칠게 놀아도 괜찮겠다
는 마음이 들었어요." 오레리 씨는 이 집에 한눈에 반했던 순간을 회상한다.

01

차곡차곡 모아놓은 소품들, 그 특유의 즐거움

02

01.색색의 컵과 차 깡통이 늘어선 선반. 하얀 벽과 맨살의 나무판자로
이루어진 조합은 주방과 거실에서 자주 볼 수 있다. 레퀴에 씨 집의 특
유의 조합. 02.널찍한 공간에 창을 통해 한가득 햇살이 든다. 03.현관
에서 이어지는 1층 복도. 바닥 타일은 입주 당시의 것. 04.식당과 작업
공간. 영감을 자극하는 이미지를 프린트하여 벽에 붙여두었다.

03

04

좋아하는 것들에 둘러싸인 생활을 실현하다

이 건물과 사랑에 빠졌을 때, 식구가 늘고 아이가 커가면서 정원과 거실에서 신나게 뛰노는 모습이 눈앞에 보이는 듯했다는 오레리 씨. 그녀와 대조적으로 쾌적한 생활을 위해 어디를 어떻게 고쳐야 하나 걱정되어 '즉답은 못 했다'며 웃는 남편 장 크리스토프 씨.
실제로 두 사람의 손으로 해낸 공사는 도저히 DIY 범위 안에 넣기는 어려울 정도로 큰일들이었다. 현재 모습이 되기까지 대략 3년. 만족스러운 집으로 만들기 위해 부지런히 내부를 고쳐왔다.
"아이를 위해서이기도 하지만, 우리 부부에게도 편안한 공간을 만들고 좋아하는 물건들에 둘러싸여 살고 싶었어요." 미적 감각이 뛰어난 오레리 씨의 센스가 넘치는 집. 실현하기엔 조금 주저되는 아이디어를 구현해내는 것이 힘들고도 재미있었다고 장 크리스토퍼 씨는 말한다.

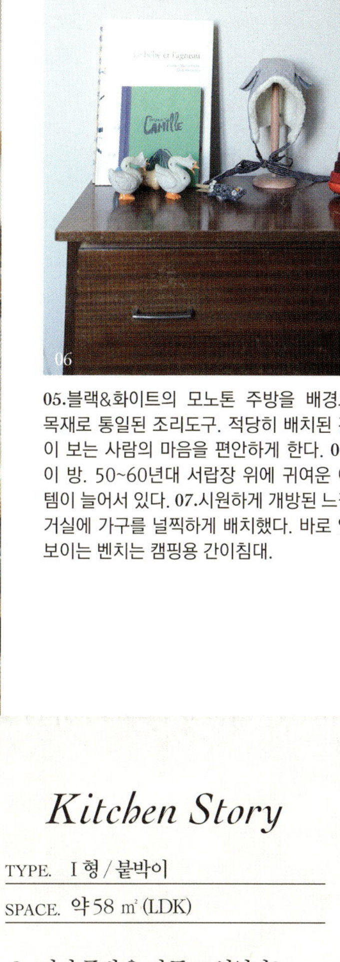

05.블랙&화이트의 모노톤 주방을 배경으로 목재로 통일된 조리도구. 적당히 배치된 간격이 보는 사람의 마음을 편안하게 한다. 06.아이 방. 50~60년대 서랍장 위에 귀여운 아이템이 늘어서 있다. 07.시원하게 개방된 느낌의 거실에 가구를 널찍하게 배치했다. 바로 앞에 보이는 벤치는 캠핑용 간이침대.

Kitchen Story

TYPE. I 형 / 붙박이

SPACE. 약 58 ㎡ (LDK)

Q 어떤 주방을 만들고 싶었나?

건물이 원래 유치원과 학교로 쓰였기 때문에 학생식당을 의식해 만들었다.

Q 특히 신경 쓴 부분은?

A 집 전체에 걸쳐 천연목의 감촉 등 자연스러운 느낌을 살리고자 했다.

Q 마음에 드는 부분은?

A 집을 고치고 나서 채광이 좋아지고 따뜻해졌다. 하루종일 머물고 싶다. 정원과 붙어 있어서 요리하며 아이들이 뛰어노는 모습을 볼 수 있고 아이가 부를 때 바로 밖으로 나갈 수 있다.

Q 설치하길 잘했다고 생각하는 설비 또는 부품은?

A 방콕에서 산 파레오로 직접 공들여 커튼을 만들었다. 또 내가 요리를 할 때 아이들이 옆에서 놀 수 있도록 설치한 칠판이 마음에 든다.

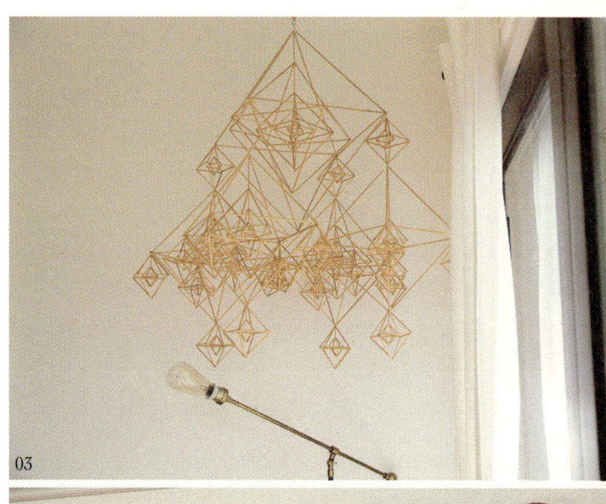

01.선반과 조리대 상판의 나뭇결과 하얀 캐비닛의 대비가 아름다운 주방. 조리도구도 디자인에 신경 써서 골라 열린 수납을 했다. 02.아침 식사 풍경. 03.빨대처럼 속이 빈 짚을 실로 꿰어 만든 북유럽식 전통 모빌 힘메리(himmeli). 04.네덜란드의 빈티지 왜건에 두 사람이 좋아하는 나카가 아키오(額賀章夫)의 그릇을 세팅했다.

두 사람의 감각을 살린 심플 인테리어

캘리포니아에서도 연중 온난하고 쾌적한 기후가 매력적인 로스앤젤레스. 그 도심에 아틀리에를 둔 디자이너 모모코 씨와 알렉산더 씨 부부.
로스앤젤레스의 매력에 푹 빠진 두 사람은, 바다 근처에서 서서히 내륙 쪽으로 집을 옮기다가 지금은 로스앤젤레스 동부에 있는 패서디나 시에 살고 있다.
두 사람의 집은 모든 방에 밝은 빛이 돌고 어느 창으로도 나무의 초록을 즐길 수 있는 곳. 깨끗하게 청소한 바닥을 맨발로 딛는 촉감이 기분 좋아 이곳이 외국이라는 것을 잊게 된다.
"이 집에 이사 오면서 바다와는 좀 멀어졌지만 그래도 차로 30분이면 서핑을 즐길 수 있어요. 다운타운에 있는 사무실까지도 차로 30분이에요. 그 30분으로 생활이 온오프 되는 거죠. 이 정도 느낌이 우리에겐 딱 좋아요."

PROFILE
LA에서 시작된 인기 패션 브
랜드 〈BLACK CRANE(www.
blackcrane.net)〉의 창업자이
자 디자이너인 두 사람. 둘 다
학생 시절부터 LA에 거주했다.

복도 너머 틈사이로 보이는 주
방풍경. 짙은 색 천연석을 깔아
놓은 바닥이 마음에 쏙 든다.
"맨발이 무척 기분 좋아요."

아침 식사는 로컬 브랜드 잼을 바른 빵과 넉넉한 양의 과일. 믹서로 채소 주스를 만드는 것도 매일 아침의 일과.

시간이 천천히 흐르는
아침의 식탁

아침 식사를 준비하는 모모코 씨. 커다란 창에서 기분 좋은 아침 햇살이 쏟아지는 식당. 테이블과 의자는 북유럽 빈티지 제품이다.

심플한 공간에 드러나는 것은 북유럽을 중심으로 한 빈티지 아이템. 가구와 소품은 알렉스 씨가 마음에 드는 것으로 모모코 씨에게 제안하고, 모모코 씨가 전체 균형을 보면서 서로 의견을 나누며 둘이 함께 고르고 음미한다고.
주방에 늘어선 조리도구나 일용품도 통일감 있게 최소한으로 갖추었다. 소재나 색을 맞추어 깔끔하고 아름답다.
어느 한쪽으로 치우치지 않는 차분한 두 사람의 집에서, 로스앤젤레스라는 지역과 그곳에 사는 사람의 풍부한 감성이 느껴진다.

액자 속엔 알렉산더 씨의 어린 시절
모습, 트레이에는 모모코 씨의 어머
니 사진이 있다.

01.욕실에는 거울과 예술작품 등을 두어 방처럼 연출했다. 습기가 적은 서해안
특유의 욕실 인테리어. 02.침실의 한구석에 리듬감 있게 걸린 모자 컬렉션. 서
랍장은 두사람이 좋아하는 네덜란드의 시즈 브락만(CEES BRAAKMAN)의 것.
03.침대 사이드 테이블. 나무 쟁반 위에는 평소 애용하는 액세서리를 둔다. 남
편의 스냅사진도 자연스레 연출했다. 04.주방이 단절되지 않고 다른 방에서 자
연스레 이어지는 느낌이라 배색과 소재감을 맞추었다.

심플한 공간에 빈티지 가구가 놓인 거실과 식당. 가끔 홈파티를 연다고 한다.

Kitchen Story

TYPE. I 형 / 붙박이

Q 어떤 주방을 만들고 싶었나?

A 거실이 식당으로 이어지고 또 거기서 주방
으로 이어지므로 거실, 식당과 통일감 있게
부드럽게 이어지는 분위기를 의도했다.

Q 특히 신경 쓴 부분은?

A 늘 보는 장소이니만큼 편안한 느낌의 화이
트를 중심으로 꾸몄다. 문이 달린 상부 장을
없애고 조리대 상판과 같은 재질로 선반을
설치했다. 사용감이 좋고 보기에도 멋지다.

Q 마음에 드는 부분은?

A 창이 넓어서 초록 정원과 바깥 풍경을 즐기
며 요리할 수 있는 점.

Q 설치하길 잘했다고 생각하는 설비
또는 부품은?

A 바닥재. 일 년 내내 쾌적한 기후라 맨발에 닿는
감촉이 좋은 것으로 하고 싶었고, 이 돌을 만
나자마자 고민이 해결되었다. 관리도 편하다.

가방브랜드 〈HEIDI'S〉의 디자이너 네나 워렛
씨의 주방. 가족, 친구들과 모여 즐겁고 맛있
는 시간을 즐기기 위한 공간. 그 마음이 곳곳
에서 느껴진다.

물건이 많아서 더 맛있어 보이는 키친!

열린 수납으로 느끼는 쾌적함

요리를 좋아하다 보니 조리도구와 그릇이 점점 늘어난다. 맛있는 요리를 위한 조미료도 한가득.
깔끔하게 보이려 모두 숨겨버리는 것은 난센스다. 요리 고수의 키친은 언제나 즐겁게!

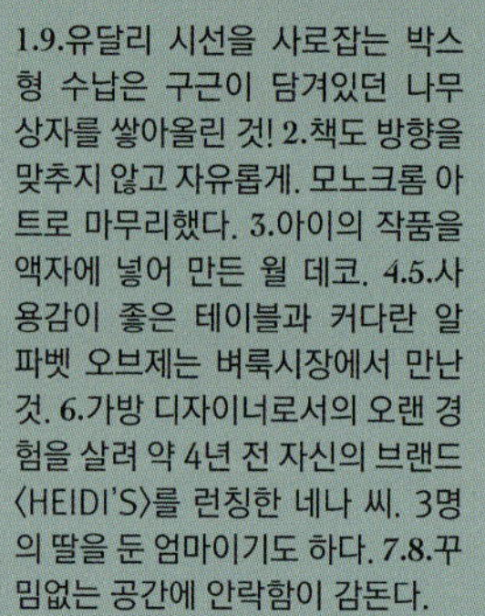

1.9.유달리 시선을 사로잡는 박스형 수납은 구근이 담겨있던 나무 상자를 쌓아올린 것! 2.책도 방향을 맞추지 않고 자유롭게. 모노크롬 아트로 마무리했다. 3.아이의 작품을 액자에 넣어 만든 월 데코. 4.5.사용감이 좋은 테이블과 커다란 알파벳 오브제는 벼룩시장에서 만난 것. 6.가방 디자이너로서의 오랜 경험을 살려 약 4년 전 자신의 브랜드 〈HEIDI'S〉를 런칭한 네나 씨. 3명의 딸을 둔 엄마이기도 하다. 7.8.꾸밈없는 공간에 안락함이 감돈다.

Nena Woreth

키워드는 적당히 힘을 뺀, 자연스러운 멋

네나 워렛 씨
가방 크리에이터

주방, 식당, 거실 사이의 벽을 없애고 하나로 이어지게 함으로써 시원하게 뻗은 공간을 만들었다. 빛과 바람이 잘 드는 기분 좋은 공간.

창고로 쓰이던 건물이 이상적인 집으로

파리 교외에 위치한 녹음이 짙고 온화한 분위기의 마을. 네나 씨가 이 단독주택으로 이사 온 것은 약 15년 전이다. 이 지역은 한때 공장지대였으며 네나 씨의 집도 원래는 거대한 창고였다고 한다. 그러한 배경 때문에 집의 넓이는 무려 400㎡! "그래서 손은 많이 가지만 돈이 별로 안 들었어요." 걱정 없다는 듯 웃으며 말하는 네나 씨.

전 주인이 창고를 주거공간으로 고쳐놓긴 했지만 그래도 이상적인 집과는 거리가 멀었던 상태로 구입. 반년에 걸쳐 남편과 아이디어를 짜내고 건축가에게 세세한 바람까지 전달하여 이상적인 집 만들기를 시작했다.

물론 주방도 예외가 아니어서 심혈을 기울였다. 야외의 기분 좋은 느낌을 그대로 가져온 초록색 바닥에 회색 캐비닛. 수납장 대신 오래된 나무 상자에 조리도구와 양념병 등을 늘어놓았다. 거기에 〈임스〉의 의자 등 모던 디자인을 더하여 깜짝 놀랄 만큼 멋진 주방이 완성되었다!

정원을 향한 창을 통해 햇살이 쏟아지는 밝은 식당.
커다란 펜던트 조명이 평온한 공간의 느낌을 살려준다.

Kitchen Story

TYPE.	I형 / 붙박이 + L형 아일랜드
SIZE.	약 30 ㎡ (DK)

Q 어떤 주방을 만들고 싶었나?
A 거실과 식당의 구분이 없는 개방된 주방. (주방뿐만 아니라 집 전체를) 빛이 넘치고, 바람이 기분 좋게 통하는 상쾌한 공간으로 만들고자 했다.

Q 마음에 드는 부분은?
A 넓은 작업대가 있어 여럿이 모여 시골벽적 주방에서 즐길 수 있는 점

Q 설치하길 잘했다고 생각하는 설비 또는 부품은?
A 선반으로 변신시킨 튤립 구근 박스. 인터넷 쇼핑으로 대량 구매했다.

Sandra Mahut & Olivier Sourbier

편안한 공기가 가득한 열린 공간, 그 안에 감도는 아름다움

샌드라 마유 & 올리비에 스루비에 씨
카메라맨 / 푸드 스타일리스트

맛있는 시간이 좋으니까, 생활의 중심은 키친

파리 교외의 빈 공장을 사들여 '텅 빈 상자' 상태에서 이상적인 집을 만들어낸 샌드라 씨.

"너무 지저분해서 깜짝 놀랐어요!"
그렇지만 샌드라 씨가 꿈꾸는 주거공간을 실현하기에 딱 좋다는 건축가의 조언을 받아들였다고. 큰 공사만 프로에게 의뢰하고 나머지는 DIY로 해결했다. 검은색 창틀 너머 펼쳐지는 초록이 눈부신, 로프트 스타일 주거공간이 완성되었다.

집에 발을 들이자 눈에 들어오는 것은 존재감 있는 주방. 기분 좋게 즐겁게 요리를 하고 싶다는 바람에서 집 중앙에 배치했다. 휴식을 취하는 올리비에 씨와 고양이들, 마음에 쏙 드는 정원을 바라보며 요리하는 시간이 무엇보다도 행복하다고 한다.

황폐해지기 쉬운 공장 터를 살려 만들어낸 주거공간에 온기를 더하는 것은 브로캉트 소품들. 창 너머의 초록과 함께 아늑한 공간 만들기에 제 몫을 하고 있다.

식당과 주방을 2층에서 내려다본 풍경. 정원으로 향한 큰 창에서 빛이 한가득 쏟아진다. 나무는 외부의 시선을 차단해주는 역할도 한다.

Kitchen Story

TYPE.　I 형 / 붙박이 + 아일랜드 카운터

SIZE.　약 15㎡

Q 어떤 주방을 만들고 싶었나?

A 즐겁게 요리할 수 있는 주방

Q 설치하길 잘했다고 생각하는 설비 또는 부품은?

A 스위스 브랜드인 유라(JURA) 사의 에스프레소 머신. 마치 레스토랑에 온 것처럼 커피를 즐길 수 있다. 독일제 쿠킹 머신인 써모믹스(Thermomix)도 좋다. 자르고 섞고 볶고 익히는 것을 한 개의 볼로 다 해결할 수 있어 매일 대활약하는 만능로봇이다!

Q 특히 신경 쓴 부분은?

A 외관뿐만 아니라 실제 사용도 편리하도록 고민했다.

Q 마음에 드는 부분은?

A 집 중앙에 있는 오픈 키친이라 가족이 어디에 있어도 기척을 느끼며 요리할 수 있다는 점. 약 15㎡의 주방공간이지만, 온 집안이 주방인 것처럼 느껴진다!

(좌) 식기 선반은 파리 최대의 생화시장인 헝지스 시장에서 구입한 것. 나뭇결 위에 직접 페인트칠을 했다. (우) 칠판으로 쓸 수 있는 현관문, 수납 역할을 하는 락커 등 자유로운 감성이 반짝인다.

"

1.4.거친 목재 테이블과 메탈 소재 의자의 믹스. 모두 벼룩시장, 앤티크 숍에서 샀다. 식사공간은 작지만, 천장이 높아 시원하게 개방된 느낌이다. 2.3.샌드라 씨는 일반 요리뿐만 아니라 과자, 디저트류에도 능하다. 마블, 리코타 치즈, 바나나 케이크. 5.오픈 키친 특유의 아름다움! 6.샌드라 씨와 올리비에 씨, 3마리의 고양이가 있는 대가족이다. 7.최근 몰두하고 있는 일은 스마트폰으로 찍은 꽃 사진을 출력하는 것.

Takatoshi & Aki Kondo

배경이 좋으면 복잡한 물건도 멋져 보인다

곤도 다카도시 & 아키 씨
프로그래머 & 그래픽디자이너

심플한 스테인리스 주방에 가전, 조리도구, 양념통을 모두 꺼내놓고 쓴다. 소재와 색만 센스 있게 통일하면 그편이 더 멋지다. 바닥은 콘크리트에 직접 페인트칠하여 마무리했다.

Kitchen Story

TYPE. U형 / 붙박이

Q 어떤 주방을 만들고 싶었나?

A 한마디로 말해 '머물고 싶은 주방'. 그 외에는 수납력을 중시했다. 조리도구를 좋아하다 보니 아무래도 물건이 많아 금방 넘쳐나고 만다.

Q 특히 신경 쓴 부분은?

A 내가 좋아하는 집의 모습을 바라보며 식사준비를 할 수 있게 카운터형 주방을 만들었다. 벽이나 기둥 없이 LD로 부드럽게 이어지는 흐름을 유지하면서 조리에도 충실한 주방.

Q 마음에 드는 부분은?

A 천장에 만들어 붙인 2단 선반. 냄비와 병을 수납할 예정이었는데, 위쪽 선반은 고양이들의 길이 되어 식사준비를 하고 있으면 이 선반과 카운터에 고양이들이 견학을 온다.

Q 설치하길 잘했다고 생각하는 설비 또는 부품은?

A 모서리가 각진 사각형 싱크대. 조금 비싸긴 하지만 코너가 둥글게 처리된 것보다 넓게 쓸 수 있고 인상도 전혀 달라진다. 린나이의 가스레인지는 시원한 디자인에 관리가 편해서 마음에 든다.

기본은 열린 수납, 그래서 더 신중히 골라야 한다

북유럽이든 미국제든 다 좋다. 선택의 기준은 국적이나 연도가 아니라 '멋진 소재인가, 조화를 해치지 않는가'이다. 그래서 가구나 소품 구입처도 어디서 샀는지 헷갈릴 정도로 광범위하다.

거칠고 자유로운 스타일이 수납에도 드러나 있다. 스테인리스 소재로 만들어 붙인 조리대는 물론, 조리도구와 양념통도 모두 꺼내놓고 쓴다. "그래서 더 신중하게 물건을 골라요. 인터넷에서 본 것도 직접 매장에 가서 확인하죠. 잘못 고른 물건을 계속 보게 되는 건 싫으니까요." 양념병의 소재는 모두 유리지만 크기와 형태는 일부러 다양하게 섞는다고. 이것이 곤도 씨만의 '딱 좋게 어지럽힌 상태'이다.

1.주방과 식탁 사이에 허리높이의 칸막이를 대어 주방 아랫부분을 가렸다. 2.두 마리의 애묘 '무기', '고마시오'와 함께 사는 두 사람. 3.철제 소품을 공간 인테리어의 마무리로 애용한다. 4.거실도 기본적으로는 열린 수납. 5.프로그래머인 다카도시 씨와 그래픽디자이너인 아키 씨. 중고 맨션을 리모델링하어 멋진 주거공간을 실현했다. 복도는 시멘트 보드 위에 외벽용 도장을 한 후 광택을 내는 등 내장재의 소재에도 많은 고민을 했다. 6.거친 느낌의 스틸, 두툼한 유리 등 수납 소품의 소재감도 중요하다.

DISPLAY LESSON!

물건이 많아도 멋스러워 보이는 디스플레이 레슨

좋아하는 물건이 많다면, 모두 버려 깔끔하게 만드는 것이 아니라 진열방법을 바꾸어 멋스럽게 보여주는 건 어떨까?
지금까지 취재했던 실제 사례의 분석을 통해 물건이 많아도 깔끔하게 보이는 방법을 철저히 파헤쳐본다.

대담한 색과 무늬를 사용한 유니크 키친
(츄니 씨)

주장이 강한 색이 인상적이지만 옅은 색과의 대비가 작은 물건들의 존재를 잘 숨겨주고 있다.(미) 진열된 물건에서 집주인의 취향이 느껴져서 호감이 간다! (야)

*photo_*Tetsu Takiura

디자인을 엄선한 일상용품만 진열해놓는다.(고, 야)

포인트가 되는 색&무늬에 시선을 집중시킨다.(고, 미)

LESSON 1

인테리어 전문가의 해설!
물건이 많아도 깔끔하고 멋스러운 것은 왜일까?

〈PLUS1 Living〉에서 취재해온 집들에 대해 4명의 인테리어 전문가가 분석했다. 그 과정에서 물건 선택과 진열 방법에 공통점이 있다는 것이 판명! 그 포인트를 하나씩 설명한다.

【실제 사례로 본 진열의 9가지 규칙!】

1. 색·소재·질감·크기가 같거나 비슷한 것을 무리 지어 배치한다.
2. 꺼내놓을 물건은 디자인을 엄선한다.
3. 개성 있는 아이템이나 색, 무늬는 과감하게 써서 시선을 모은다.
4. 물건을 정리하는 장소와 물건이 없는 장소(공간)의 대비를 만든다.
5. 벽과 선반에 물건을 둘 때, '간격'과 '선'을 의식한다.
6. 색과 소재는 통일하고 포인트 색·무늬로 개성을 드러낸다.
7. 가벼워 보이는 것을 위쪽에, 무거워 보이는 것을 아래쪽에 둔다.
8. 일용품을 적당히 보기 좋게 진열하여 꾸미지 않은 멋을 낸다.
9. 물건이 많을수록 자기의 규칙을 정하고 그대로 지킨다.

평가단 소개

스타일리스트
이시이 가나에(이)
본지의 연재 및 잡지 스타일링 외에도 DIY 웹매거진인 〈LOVE customizer〉를 발행하고 있다. http://lovecustomizer.com

스타일리스트
고야마 게이코(고)
〈PLUS1 Living〉의 연재 〈Recommended goods for SEASON〉을 비롯해 잡지나 광고, 상품 개발 등 폭넓게 활약 중이다.

리빙·모티브 숍 스태프
미스 나미코(미)
좋은 생활을 제안하는 라이프스타일 숍 '리빙·모티브'의 윈도우 디스플레이 등을 담당하고 있다. www.livingmotif.com

에세이스트
야나기사와 고노미(야)
정리수납 어드바이저 자격을 갖춘 에세이스트. 최근 저서로 〈기분 좋은 생활의 필수품〉이 있다.

KITCHEN

보기 좋은
물건&도구를 골라서,
보여주는 수납하기

③ 커다란 드라이플라워가
공간을 개성적으로 연출한다.(미)

⑥ 흰색, 회색, 검은색으로
색의 톤을 맞추었다.(이)

① 물건이 많다고 느껴지지 않도록
소재를 통일했다.(이, 미)

⑥ 금속, 목재, 유리, 도자기 등
소재를 한정했다.(고, 미, 야)

① 수납장 위의 소품은 소재별로
모아서 진열했다.(이, 고, 미, 야)

④ 눈높이에 새하얀 문을 두어
시원한 느낌이 든다.(야)

② 벽에 거는 수납으로 도구의
아름다움을 살렸다.(미)

⑤ 거의 같은 간격으로
물건을 걸어두었다.(고)

① 물건이 소재별로
정리되어 있다.(이, 미)

⑤ 냄비를 일정한 간격으로
두어 깔끔해 보인다.(고)

④ 아무 장식 없는 벽이
깔끔하다.(이, 야)

⑥ 포인트 색은
레드와 블루.(고, 야)

KITCHEN
명확히 분류해 수납하면 물건이 많아도 괜찮다!

식기류는 우선 색과 소재별로 분류하여 진열하는 것이 중요하다. 조리대 위에 물건을 둘 때는 평평하게 늘어놓지 말고 변화를 주어 열린 공간이 있게 한다.

LESSON 2

수납과 진열 방법의 실천!

멋스러움과 뒤죽박죽의 경계는?

물건이 많아도 멋스러운 방과 뒤죽박죽 느낌의 방은 어떤 차이가 있을까? 스타일리스트 고야마 가코 씨가 실제로 스타일링해 보았다. 같은 장소와 같은 물건도 수납과 진열 방법을 바꾸면 모두 감추지 않아도 센스 넘치는 방이 된다!

A 멋스러움과 B 뒤죽박죽의 차이는?

선반 코너 별로 색과 소재가

- A 맞춰져 있다
- B 제각각이다

그릇 쌓는 방법이

- A 가지런하다
- B 제각각이다

찬장 속 여백이

- A 많다
- B 적다

카운터 위 물건들은

- A 높낮이를 의식했다
- B 리듬감 없이 평평하다

식재료는

- A 보기 좋은 것만 꺼내놓는다
- B 비닐에 넣은 채로 잔뜩 쌓아놓는다

LIVING 열린 선반은 '강약'과 '여백'을 의식하여 꾸민다

깊이와 높이로 강약을 만들고 그 주위에 약간의 여백을 주어 감각적으로 배치한다. 가벼운 느낌의 유리 소재로 비어 있는 부분을 만들거나, 동일한 종류끼리 정리해 덩어리로 보여주는 것도 기법의 하나.

A 멋스러움과 B 뒤죽박죽의 차이는?

책 진열은

- A 가로 세로로 쌓아 변화를 준다
- B 그냥 나란히만 진열한다

색과 무늬는

- A 선반 내 포인트 색은 노랑뿐이다
- B 느낌이 다른 무늬가 뒤섞여있다

선반 속은

- A 약간의 여백으로 열린 공간이 있다
- B 물건이 가득 차 보인다

같은 종류의 물건은

- A 모아두면 포인트가 된다
- B 따로따로 놓여 있다

액자와 소품은

- A 겹치거나 안쪽에 놓여 있다
- B 그냥 가로로 늘어놓았다

정리&수납의
규칙과 아이디어

갑자기 손님이 와도 쓱– 정리해서 깔끔함이 쭉– 유지되는 것이 이상적인 수납.
이번에는 '쓱–'과 '쭉–'을 주제로 수납의 프로에게서 기본규칙을 배우고
수납의 달인인 독자에게서 독창적인 아이디어와 규칙을 배워보았다.

수납달인 독자가 실천하고 있는

수납 아이디어와 나만의 규칙

멋진 인테리어와 생활의 편리함을 동시에 이뤄낸
독자의 집 두 곳을 방문해 정리 상태를 유지할 수
있는 수납 인테리어와 규칙을 취재하였다.

**식기류는 이 공간에 들어갈 만큼만 소유한다.
정량을 유지해야 깔끔하다.**
속이 깊지 않은 수납장이라 구석에 박혀 안 쓰이는
물건이 생기지 않고, 넣고 꺼내기 편리하다.

여백 있는 공간에 아기자기한 수납으로 깔끔함을 유지한다!

DIY 실력을 살리고 센스 있게 물건을 수납한 후나이 씨. 후나이 씨의 '쓱 & 쭉' 수납
의 비결은 여백, 적재적소, 그리고 예쁘게. 이 세 가지다. 꾹꾹 눌러 담지 않고 여백
을 남기면 물건을 넣고 빼기 편하고 어떤 물건이 있는지 한눈에 들어와서 사각지대
가 생기지 않는다. 또 가족의 동선을 생각하여 '적재적소'를 정할 것. 특히 아이는 성
장하면서 쓰는 물건과 할 수 있는 일이 달라지므로 그에 맞추어 바꾸어가는 것이 비
결이라고 한다. 그리고 무엇보다 보기에 좋아야 한다. 그래야 그 모습이 유지되기 때
문이다. 아이나 친구들로부터 '집 너무 예쁘다!'라는 말을 듣는 것이 좋아 어느새 정
리의 달인이 되었다.

일단 보기 좋게 정리하면 유지하고 싶어지죠

후나이 씨

가구나 내장재 등의 DIY, 소잉,
요리 등에 다재다능한 후나이
씨. 리모델링한 아파트에서 남
편, 2명의 아이와 함께 살고 있
다. 리모델링은 〈공간사(www.
kukansha.com)〉에 의뢰했다.

후나이 씨의 다이닝&키친. 열린 수납과 닫힌 수납, 유리문
수납장 등 각자의 특성을 살려 보기 좋은 공간이 되었다.

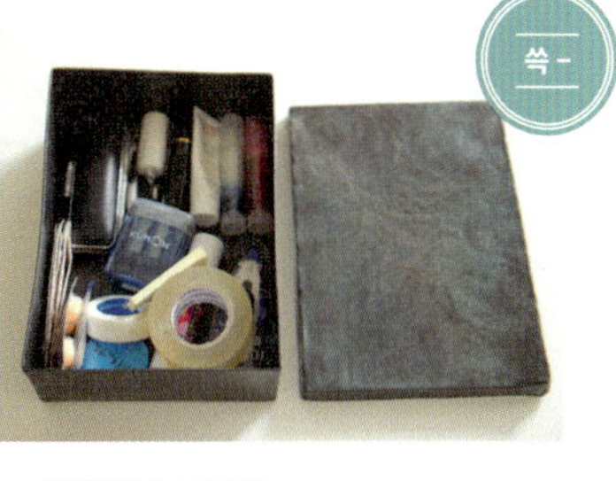

**문구류나 도장은
주방에 보관**

서류에 도장을 찍거나 자잘한 일
처리는 주방이나 식당에서 할 때
가 많아 문구류를 주방에 두었다.
철제 상자가 멋스럽다.

**제빵 도구는
한곳에 모으기**

과자, 빵을 만들 때는 이곳에 있
는 도구로 모두 해결한다. 수납
할 때도 이곳에 모두 모으면 되
므로 무심코 방치하거나 행방불
명될 일이 없다.

**가전용 슬라이드 선반을
수납에 활용**

자주 쓰는 식재료는 나무 상자
에 넣어 슬라이드 선반에. 캔 등
다소 무거운 것을 넣어도 슬라
이드 선반이라 쓱 꺼낼 수 있다.
옆에는 전기밥솥을 두었다.

**간식과 빵은
바구니와 천으로 귀엽게**

가족 모두 꺼내기 쉽게 식탁 근
처를 정위치로 삼았다. 눈에 거
슬릴 수 있는 컬러풀한 과자 포
장도 천으로 덮으면 깔끔하다.

조리도구는 금방 손에 잡히도록 걸어서 수납

가스레인지 위에 늘어선 조리도구. 작업 공간에서
도 쉽게 손닿는 위치. 주 1회 식기건조기로 씻어
청결함을 유지한다. 스테인리스 & 블랙으로 통일
하여 보기에도 좋다.

**금방 늘어나는
비닐봉지는 한 봉투에
모으는 것이 최고**

비닐봉지는 부피가 크지
만 가벼워서 마 소재 봉
투에 모은다. 쓱 넣어두면
공간을 차지하지 않고 쓱
꺼내 쓸 수 있어 좋다.

자주 쓰는 물건은 와인 상자에

고무줄, 클립, 쓰레기봉투, 행주 등 자주 쓰지만
뒤섞이기 쉬운 물건은 와인 상자에 모아두었다.
와인 상자를 서랍처럼 쓰고 있어 구석구석 잘 보
이고 넣고 꺼내기가 편하다.

사용편의성과 진열모습을 고려하여 두께와 깊이까지 고민한 선반.

정해진 장소에 놓을 뿐, 결국 그게 다예요

가타야마 씨

작년에 〈소라마도(www.soramado.com)〉를 통해 새집을 지은 가타야마 씨. 불필요한 것을 지니지 않도록 일부러 수납공간은 적게 만들었다고. 남편과 2명의 아이, 4인 가족이다.

조리대 아래에 딱 맞는 왜건을 활용

양념, 키친타월, 고무줄 등 자주 쓰는 것은 이케아의 왜건에 정리했다. 평소에는 조리대 아래 넣어두고 요리할 때 그대로 꺼내어 사용한다.

쓰기 편하도록 부부가 함께 고민한 수납시스템

가타야마 씨의 '쓱 & 쭉' 정리 비결은 열린 수납, 쓰이는 곳에 두기, 양 조절, 이 세 가지다.

"숨기는 수납은 쓸모없는 물건이 쌓이기 쉽고, 문으로 가려진 수납은 압박감이 있어서 저는 열린 수납이 더 좋아요."라는 가타야마 씨.

그러면서 가족 모두 편리하게 쓸 수 있도록 하는 점도 놓치지 않았다.

"눈에 보이게 두니까 색이나 소재를 더 고민해서 사죠."

쓱 정리하는 비결은 쓰이는 곳에 두기. 주방의 선반 위는 사용빈도가 잦은 것을 가운데에 모으고 아이가 잘 쓰는 물건은 아이가 머무는 장소, 손이 닿는 장소에 두어 스스로 정리할 수 있는 환경을 만들어주었다.

주방의 식재료, 거실의 일상용품, 아이의 옷이나 장난감 등 열린 수납에 적당하지 않은 것은 박스 등을 활용하여 '그 안에 들어가는 만큼만' 소유하도록 한다. 이것이 정리 상태를 쭉 유지하는 비결이다.

사실 진짜 수납의 달인은 정리를 좋아하는 남편이다. 선반을 만들고 가구 안에 수납 공간을 짜 넣는 등 수납시스템 만들기를 좋아한다.

"불편한 점을 말하면 금방 고쳐주니 우리 집은 남편이 있어야 깔끔해요!"

늘 쓰는 양념은 쓰이는 장소에

소금, 후추, 설탕, 밀가루 등 단골 재료는 가스레인지와 싱크대 사이의 작업공간이 정위치. 꺼내 놓고 쓰기 위해 보기 좋은 용기로 통일하였다.

자주 쓰는 것은 중앙에, 질감을 맞추어 정리

식기류는 모두 선반에. 사용빈도에 따라 위치를 정한다. 선반 깊이는 가장 큰 접시(25cm)에 맞추어 공간 낭비가 없게 했다.

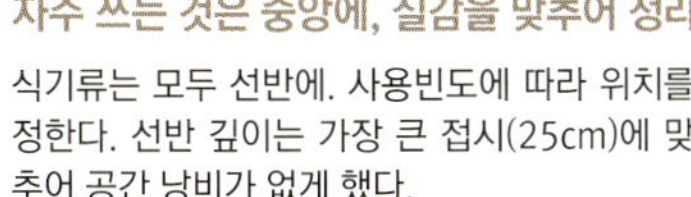

과자는 아이 손이 닿지 않는 곳에

포장이 화려해서 눈에 거슬리는 과자류는 바구니에 넣어 냉장고 위에 둔다. 인테리어 포인트가 되기도.

조리도구는 걸어서 수납하기

꺼내 쓰고 돌려놓는 것이 한 동작으로 해결되는 걸이수납. '긴 것→짧은 것' 순, 같은 간격으로 걸어두면 보기에도 좋아 그 상태가 잘 유지된다.

졸업예정 식기는 한곳에 모으기

아이용 플라스틱 식기와 '한때 좋아했던' 식기는 한곳에 모은다. 이곳을 보면 새로운 물건을 들일 여력이 있는지 파악할 수 있다.

홈 카페도 보여주는 수납으로

커피, 홍차, 코스터, 트레이, 나무쟁반 등 귀여운 카페 아이템들. 가족과 친구가 자유롭게 쓸 수 있는 위치에 보이는 수납을 한다.

수납과 인테리어를 동시에, 작은 집을 위한 구세주!

매력적인 수납 아이디어 수첩

평소 쓰는 물건을 아름답게 진열하여 그 집의 인테리어이자 개성이 되는,
보고 있으면 매료되는 수납 아이디어를 모아보았다.

길이순, 같은 간격으로 진열하여 아름다움을 유지한다

↑ 조리도구는 쉽게 꺼내어 쓰고 쉽게 걸어 수납할 수 있도록 했다. 긴 것에서 짧은 것 순으로, 같은 간격으로 진열하는 것이 보기에도 좋고 그 상태를 유지할 수 있는 비결이다. (가타야마 씨네 집)

*photo_*shufunotomo

레스토랑 주방 분위기의 랙으로 멋지게

← 〈체체 아소시에〉의 '인디언키친 랙'. 스테인리스의 질감과 글래스 홀더 등 업소용 제품 디자인으로, 접시를 수납하는 것만으로 주방이 카페 같은 분위기가 되었다. (하야미즈 씨네 집)

*photo_*Hiroshi Matsui

카페 같은 수납

레스토랑 주방 디자인의 편리함과 편안한 분위기를 동시에 실현한 카페 수납. 그러한 수납의 이미지를 가정집에 구현한 아이디어를 모아봤다.

집에서의 한잔이 즐거워진다

← 주방 조리대를 가려주는 카운터에는 집주인이 좋아하는 소주를 진열할 수 있는 공간을 만들었다. 덕분에 밖에서 마시는 술자리가 줄었다고. (오구라 씨네 집)

*photo_*Hiroshi Matsui

동일 사이즈의 낡은 과자 병을 활용한 수납

→ 키친과 다이닝 사이에 놓인 선반 위에 낡은 병을 모아놓아 카페 같은 분위기를 연출했다. 병 안에는 냅킨이나 비누 등 작은 소품을 수납한다고. (사토 씨네 집)

*photo_*shufunotomo

제빵 도구가 늘어선 카페 같은 주방

→ 런던, 파리에서 다니던 제과 학교의 주방을 생각하며 만들었다는 도구 수납공간. 그물망과 후크를 이용하고, 엄선한 소재와 색의 도구로 그 모습을 재현했다.(마사바야시 씨네 집)

*photo_* Hiroshi Hayashi

와인창고? 아니, 신발장입니다

↑ 원래는 그냥 신발을 늘어놓았던 공간. 아들들의 스니커즈가 별로 멋져 보이진 않아서 나무 상자를 만들었다고. 스텐실로 와인 상자처럼 연출했다.(구리하라 씨네 집)

*photo_* shufunotomo

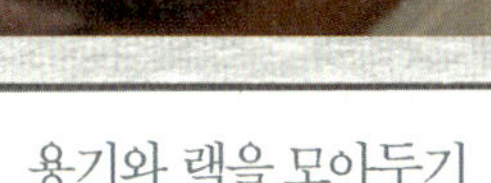

용기와 랙을 모아두기

↑ 주방 카운터 위에 늘어놓은 유리 밀폐용기와 철제 선반. 용기와 선반의 디자인을 통일하고 늘어놓거나 겹쳐 쌓아 내용물에 상관없이 깔끔해 보인다.(곤도 씨네 집)

*photo_* Hiroshi Matsui

대량의 식기는 색과 소재별로 나누기

↑ 이케아의 책장을 식기장으로. 대량의 식기를 색, 소재별로 정리해서 깔끔해 보인다. 공간을 너무 꽉 채우지 않아야 아늑한 카페 분위기를 연출할 수 있다.(마사바야시 씨네 집)

*photo_* Hiroshi Hayashi

늘어뜨리고 걸고, 편하고 즐거운 수납

정리가 편하고 인테리어 포인트도 되는 걸이 수납!
꼭 도전해보고 싶은 아이디어 모음

후크 + 바구니로 쓱 던져 넣는 수납

↑멋스러운 후크를 벽에 고정하고 바구니를 걸었다. 쓱 던져 넣을 수 있어 실내복 등의 수납에 대활약 아이템이라고.(오우치 씨네 집)

photo_shufunotomo

낡은 옷걸이를 조리도구 걸이로

← 낡은 옷걸이에 걸어둔 조리도구들. 살짝 낡은 걸이 보드의 분위기가 주방에도 딱 어울린다.(야마다 씨네 집)

*photo_*
Michihiro Sakamoto

S자 후크와 봉, 바구니의 조합

↑주방의 상부장 아래에 봉을 달고 S자 후크를 이용해 바구니 등을 걸었다. 행주, 병따개, 고무줄 등을 쓱 꺼내 쓸 수 있도록 수납한다.(가이가 씨네 집)

photo_shufunotomo

오래된 나무상자의 질감이 신발과 절묘하게 어우러진다

↑감자, 사과 등을 수확해 담는 상자를 겹쳐 쌓았다. 자재 운반 등에 쓰는 낡은 트롤리 위에 올려 신발 수납에 활용했다.(미야우치 씨네 집)

*photo*_Noriko Yoshimura

상자 + 널판으로 자유롭게 재조합 하는 수납장

← 상자와 널판을 조합하여 열린 수납을 했다. 계절, 물건, 장식 등에 맞추어 재조합하기 편하다고. (오우치 씨네 집)

*photo*_shufunotomo

겹쳐 쌓는 수납

상자나 판자를 겹쳐 쌓아 만드는 수납장은 공간과 수납할 물건에 딱 맞게 조절할 수 있다.

콘크리트와 발판 판자로 거친 느낌 연출

↑콘크리트 블록과 발판 판자를 겹쳐 쌓은 TV장. 〈라운 드어바웃(Roundabout)〉에서 구입한 철제 케이스를 조 합하여 일상용품을 수납한다.(I씨네 집)

*photo*_Hiroshi Matsui

색을 맞춘 벽돌과 판자의 조합

→ 주방 한 편에 벽돌과 판자를 교차로 쌓아 올려 선반을 만들고 자주 쓰는 식기와 냄비를 수납했다. 전체적인 색 상을 맞추어 깔끔한 인상을 준다.(노무라 씨네 집)

*photo*_shufunotomo

양배추 운반 상자를 선반으로

↑네덜란드의 양배추밭에서 사용되었다는 오래된 나무상자. 상자를 겹쳐 쌓아 열린 선반으로 만들고 소품, 잡화를 장식하며 수납했다.(구리하라 씨네 집)

*photo*_shufunotomo

벽에 붙인 영국의 버스 간판이 포인트.
발밑에는 미끄러지지 않도록 두툼한 러그를 깔았다.

\ Come together and enjoy my home! /

사람들이 모이는 맛있는 공간

"요새 없어 못 파는 과자 갖고 왔어!" "이거 너무 맛있다. 레시피 좀 알려줘!"
허물없는 친구들과 모여 왁자지껄 보내는 시간은 가장 큰 즐거움이다.
셀프 인테리어를 즐기는 사람에게는 실력을 자랑할 수 있는 시간이기도 하다.
게스트도 가족도 자기 자신도 편안하게 대접받는 듯한 느낌을 주는 인테리어를 5곳의 집에서 파헤쳐본다.

아이와 함께 와도 카페 기분 만끽!
거친 질감을 즐긴다

니카이도, 유키 씨

시게 씨가 도면을 그리고 재료도 직접 조달하여 전문가에게 의뢰한 주방. "벽돌을 쌓아 고정할 때 꽤나 애먹었어요."

1. 조리와 플레이팅 등 주방일에 최적화된 조리대. 복고풍 일본 식기장 위에는 건조식품 등을 넣은 바구니를 올려두었다. 2. 후크에 걸어놓은 프라이팬, 양념통 등이 그림처럼 멋스러운 선반. 조리대 상판에는 방수도료를 바르고 스테인리스 싱크대를 설치했다.

DIY로 만든 조명기구. 태국의 빈티지 우드에 법랑 전등갓을 부착했다.

Profile
Nikaido Family

인테리어숍 〈더블티〉에서 일하는 시게 씨. 유키 씨도 예전에는 같은 매장에서 일했다. 두 사람 모두 조금은 하드 믹스 질감을 좋아한다. 2명의 아이를 둔 4인 가족이다.

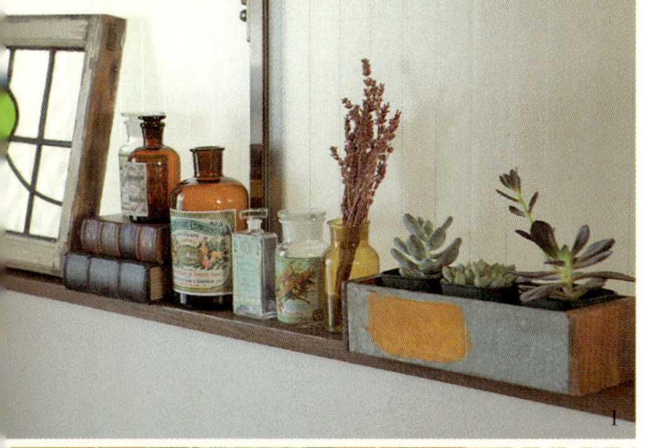

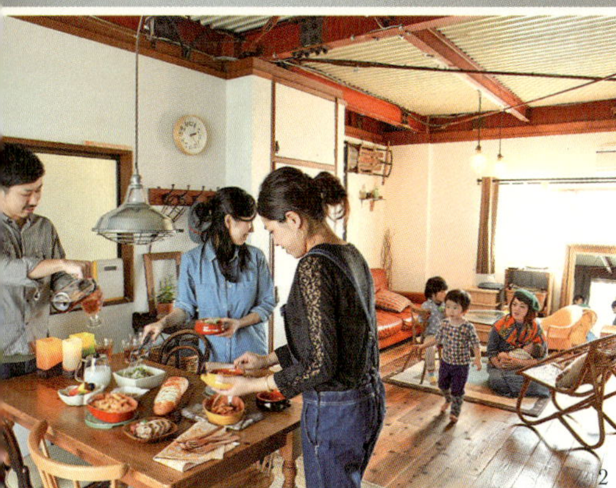

1.앤티크 스테인드글라스와 복각판이 붙어 있는 병 등 향수를 불러일으키는 소품과 그린 소재를 나란히 두었다. 2.낡은 주택의 다다미방을 없애고 거실과 식당을 넓게 구성해 손님 초대에 알맞은 공간으로 꾸몄다. 천장판도 철거했다. 3.사온 음식도 옮겨 담으면 멋스럽다. 육아에 바쁜 엄마들에게는 고마운 존재.

Getting ready for the party

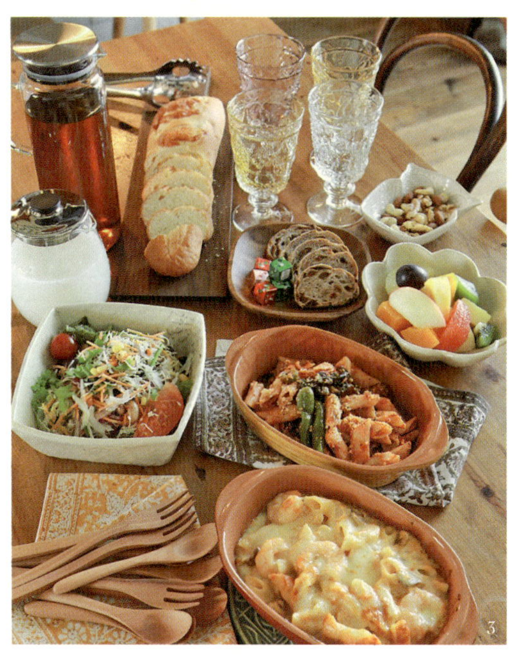

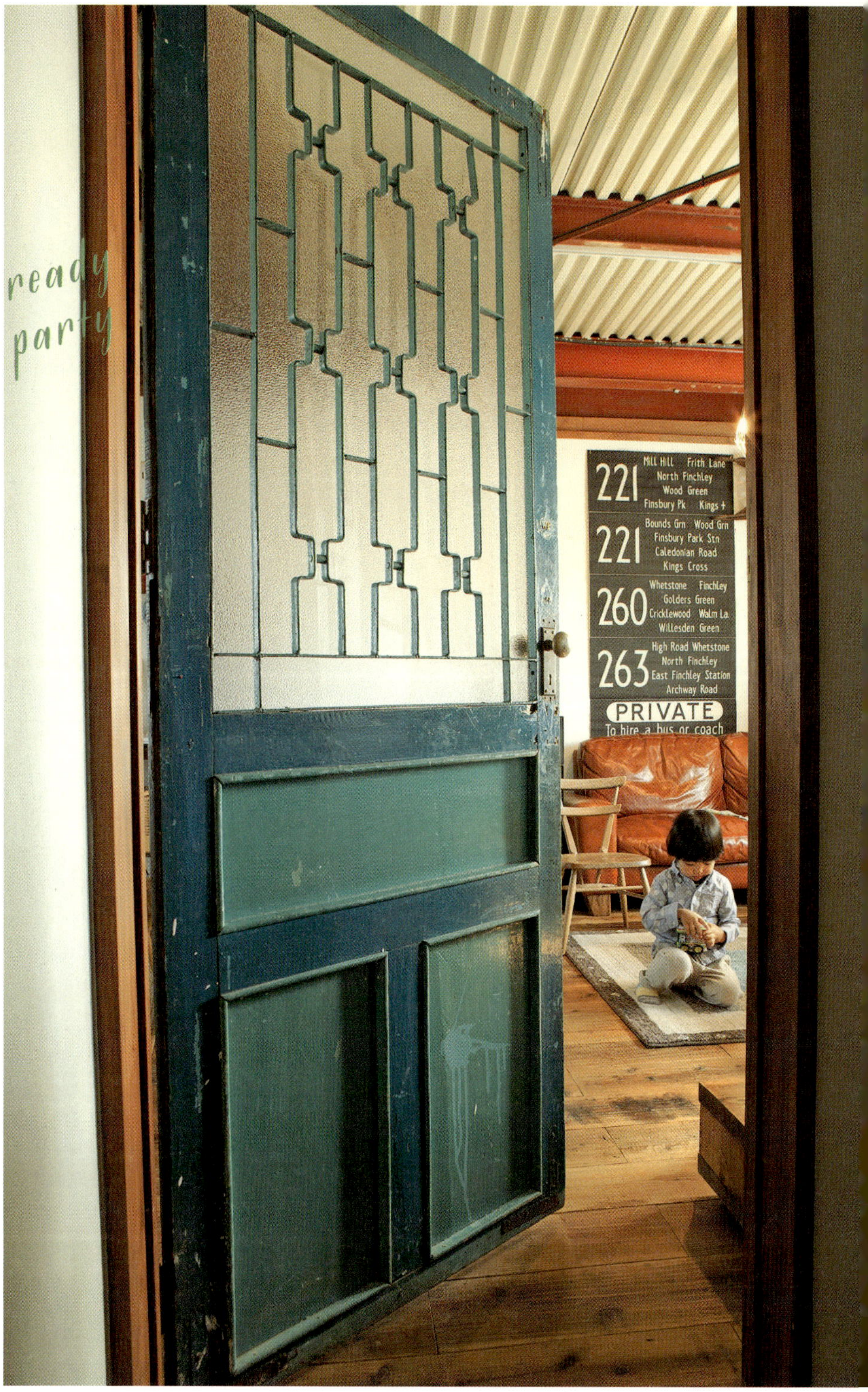

인터넷에서 앤티크 도어와 손잡이를 따로 샀고, 너무 무거워지지 않도록 유리 대신 염화 비닐판으로 바꾸었다.

아기가 즐겁고 건강하게 자라는, 다칠 위험이 없는 공간

나무판자가 이어진 바닥, 철골이 드러난 천장, 군데군데 페인트가 벗겨진 문. 낡은 연립주택을 개조한 니카이도 씨의 집은 공장풍 카페 분위기를 자아낸다.

아직 아이들이 어리지만 '인테리어 취향은 포기할 수 없다'는 니카이도 씨. 장난감을 철제 캐비닛에 수납하여 보기에도 좋고, 아이가 넣고 꺼내기 쉽게 간단하고도 유용한 아이디어를 냈다.

오늘 집에 모인 것은 하루 엄마와 아직 아기인 카린의 엄마. 리모델링 후 첫 방문이라 곳곳에서 탄성이 들린다.

"역시 멋져!" "상상했던 것보다 훨씬 좋은데!" "가구 모서리에 '코너 가드' 같은 건 안 붙였네?"

"조금만 신경 쓰면 괜찮더라고. 아이가 의외로 잘 부딪히지 않아." 시게 씨가 대답한다.

"조리대 상판은 스테인리스랑 나무 중에 고민했는데, 나무로 하길 잘했어. 아이가 그릇을 떨어뜨려도 잘 안 깨지고."

대화는 또 자연스레 '아이 있는 집의 인테리어' 쪽으로 흘러갔다.

"많이 기다리셨죠!" 하며 등장한 유키 씨.

샐러드, 그라탕, 토마토 요리 등으로 한 상이 차려졌다.

"사 와서 옮겨 담고 데운 것뿐이에요(웃음)."

장난감도 빈티지 가구 안에
담아서 깔끔하게

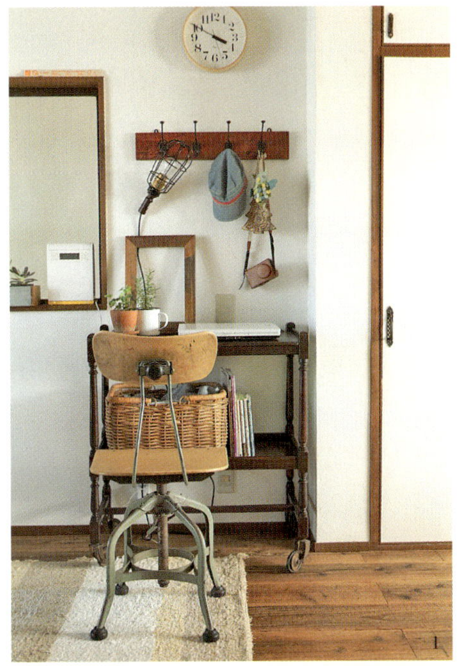

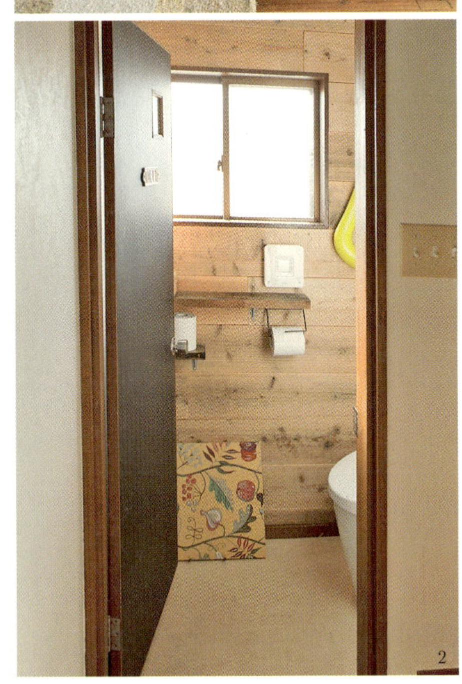

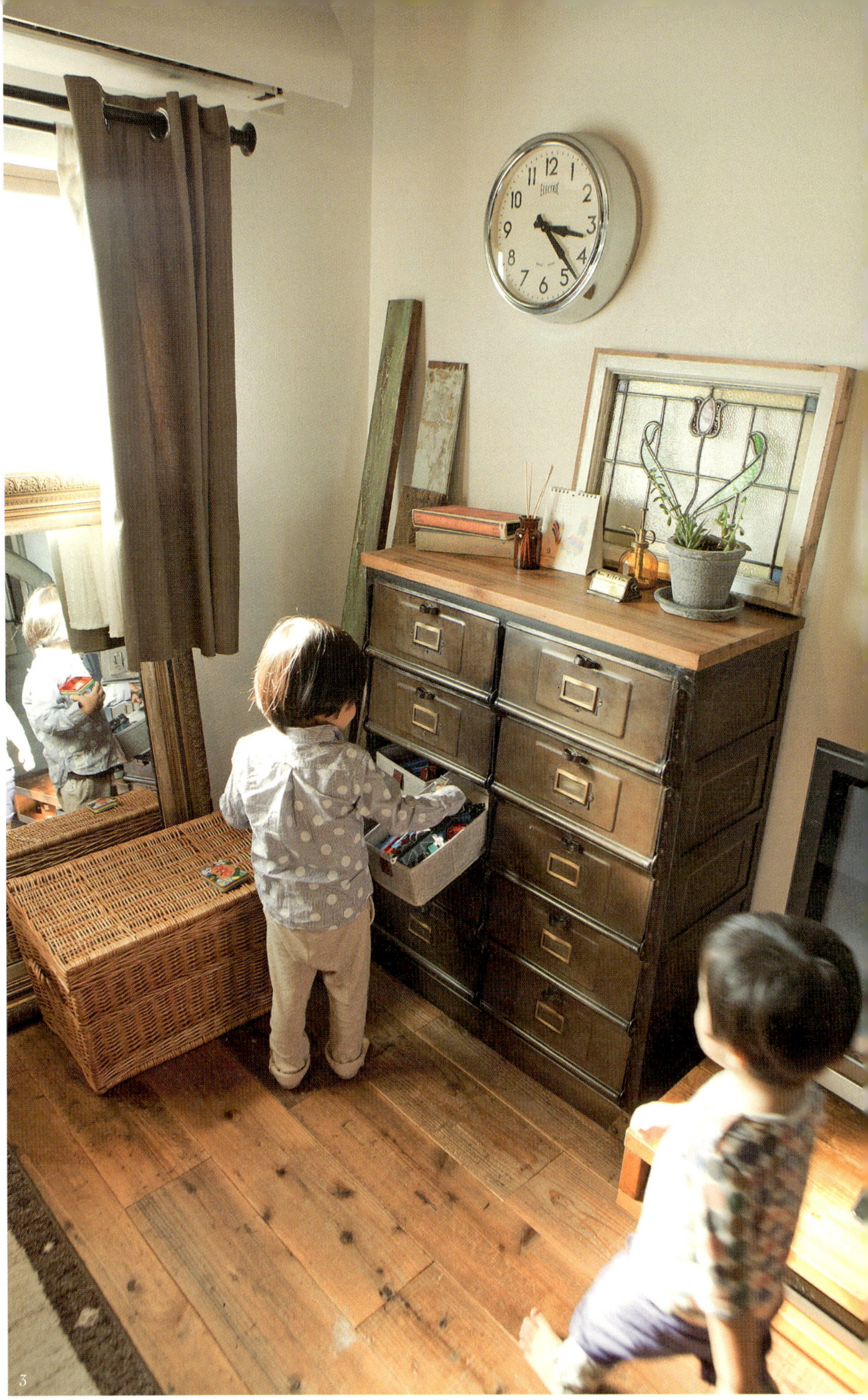

1.예전에 〈더블티〉에서 산 왜건은 노트북 책상으로 쓰고 있다. 의자와 후크도 꽤 오래된 것. 2.화장실 벽에도 바닥과 마찬가지로 바닥용 나무판을 붙였다. 직접 도장하여 일부러 낡은 분위기를 연출했다. 3.〈저널 스탠다드 퍼니처〉에서 산 철제 캐비닛에 장난감과 아이의 물건을 수납했다. 앤티크 스테인드글라스가 분위기를 부드럽게 해준다.

예쁜 그릇이 부리는 마법으로 음식이 한층 맛있어진다. 음료도 유리 주전자에 담아 각자 마실 만큼 따르는 뷔페식으로 준비했다. 아이 그릇은 별도로 준비하지 않고 일반 그릇 중 '아이가 들기 쉬운 것'으로 쓰게 하는 것이 니카이도 부부의 스타일이다.

엄마들은 카페 분위기를 만끽하며 수다 삼매경이고, 적당히 배를 채운 아이들은 장난감 놀이에 빠졌다.

"아이들이 뛰어놀다가 흠집이 나도 괜찮은 바닥이에요."

조금 거친 듯한 이 공간, 알고 보니 육아에 바쁜 엄마에게도 힘껏 뛰어노는 아이들에게도 딱 좋은 곳이었다.

FAVORITE ITEM

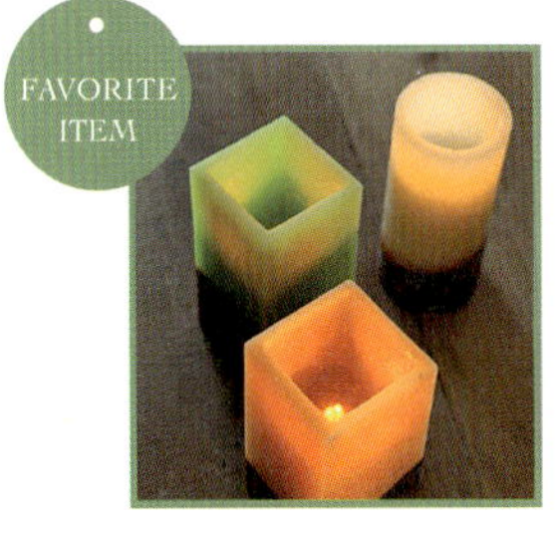

뜨거워지지 않는 안전 캔들

진짜 캔들인 듯 보이지만 알고 보면 LED 램프. 불꽃처럼 흔들리고 향도 난다. 〈더블티〉에서 구입.

SIMPLE POINT

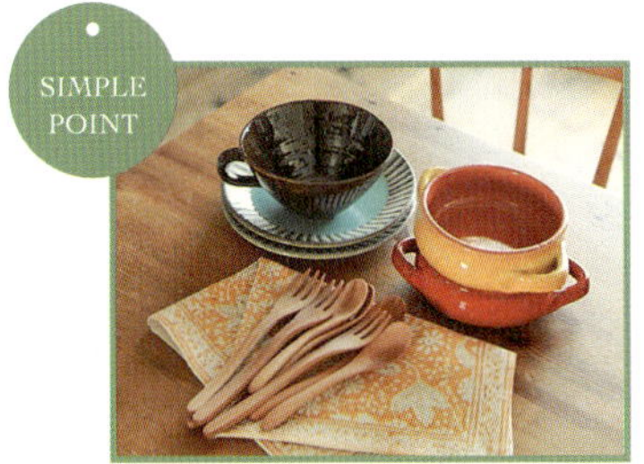

아이에게도 제대로 된 그릇을

캐릭터가 그려진 것이나 플라스틱 재질이 아닌, 아이도 제대로 된 소재와 디자인의 그릇을 쓰게 한다. 도자기 그릇과 목재 커트러리는 손과 입에 닿는 느낌이 좋다.

* '지라시'는 '흩뿌린다'는 뜻이 있어 일반 초밥과는 달리, 그릇에 잘게 썬 생선, 달걀부침, 오이, 양념한 채소 등을 초밥과 섞고 위에 계란지단, 초생강 등을 고명으로 얹은 초밥을 말한다.

Today's Topic 아이와 함께, 지라시초밥* 파티

온기 넘치는 전통식 공간에서 맛있는 제철 음식을 즐기는 시간

다이고쿠야 히사에 씨

Profile
Hisae Daikokuya

가나자와의 〈a.k.a〉, 도쿄의 〈쿠루쿠 카페〉 등에서 셰프로 근무, 현재는 요리연구가로 활약하고 있다. 요리교실 〈히사야〉를 운영하고 잡지의 푸드코디네이터, 캐이터링 서비스 등도 겸하고 있다. 가마쿠라의 단독주택에서 남편, 딸과 함께 사는 3인 가족.

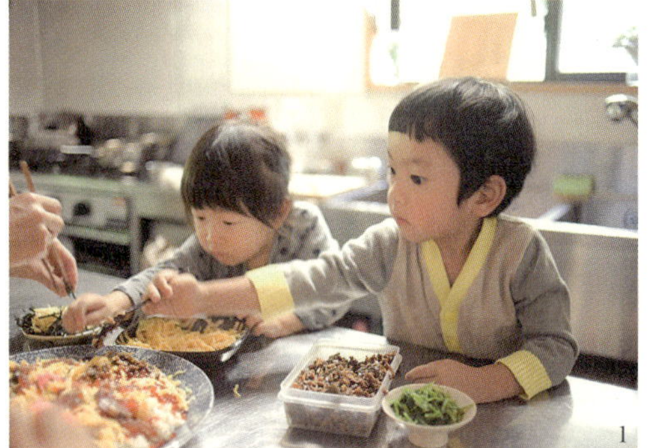

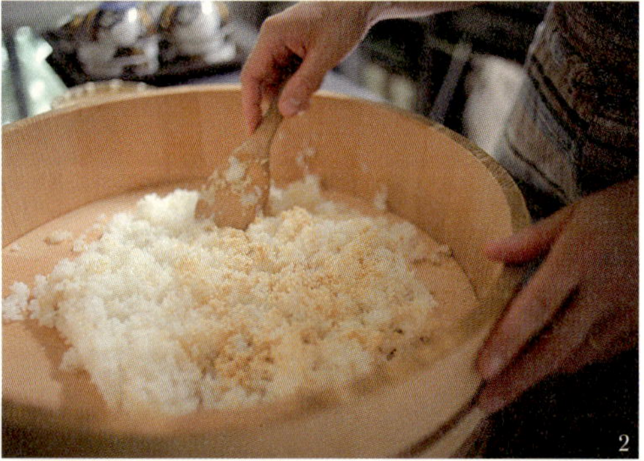

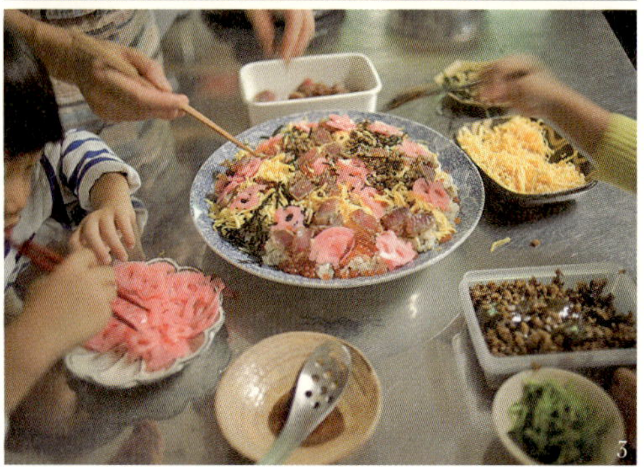

1.진지한 눈빛의 아이들 2.초밥에 흰깨를 섞으면 한층 맛있어진다. 커다란 밥통이 활약한다. 3.초절임을 잘 못 먹는 여자아이도 분홍색으로 물들인 연근은 먹어보고 싶어 져 입안 가득 오물거리고 있다.

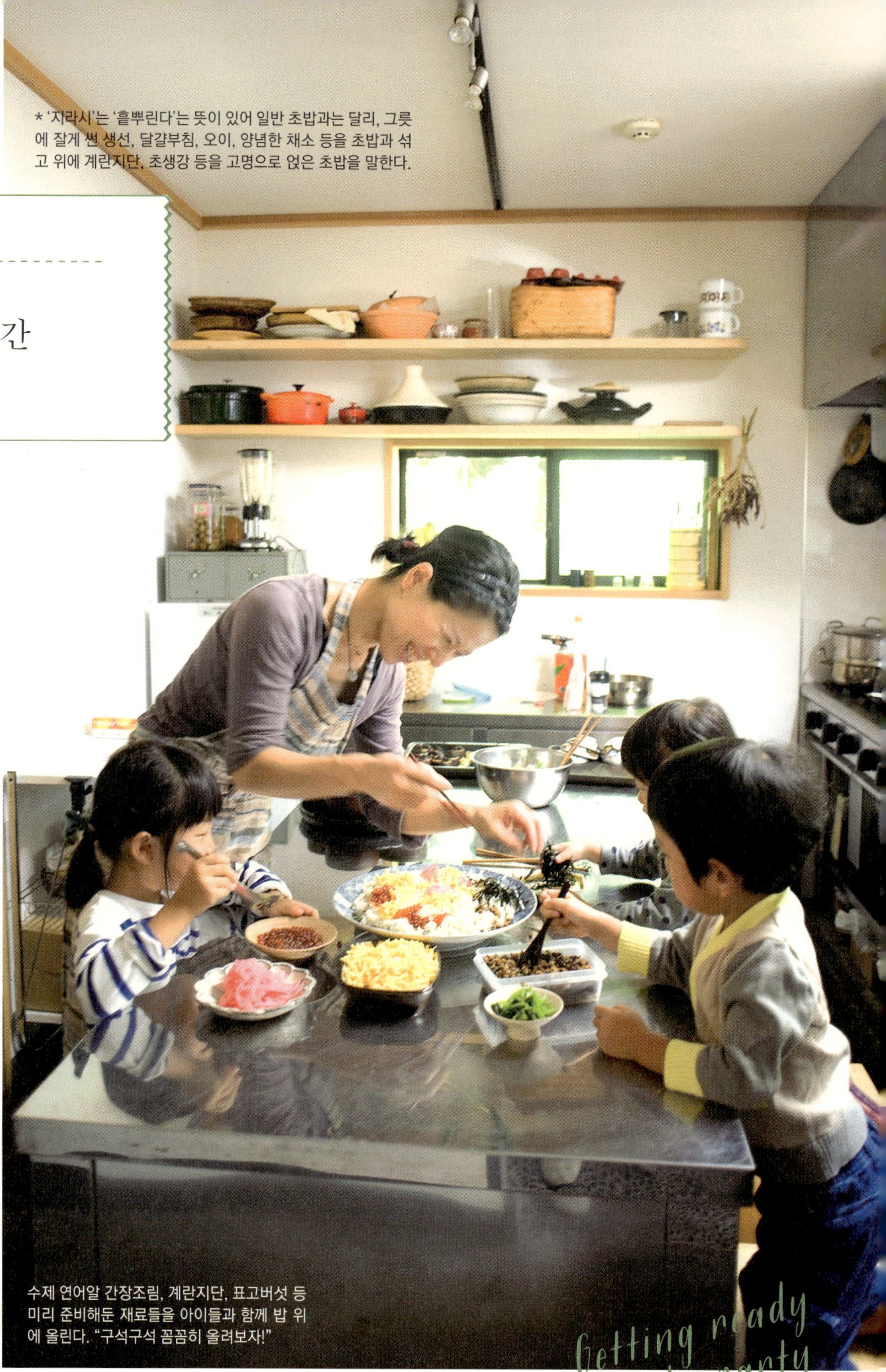

수제 연어알 간장조림, 계란지단, 표고버섯 등 미리 준비해둔 재료들을 아이들과 함께 밥 위에 올린다. "구석구석 꼼꼼히 올려보자!"

Getting ready for the party

함께 만들어 더 맛있는 요리

가마쿠라에 사는 요리연구가 다이고쿠야 히사에 씨는 자택에서 요리교실 〈히사야〉를 운영한다. 음식점 주방처럼 넓고 쓰기 편하게 꾸미고 손에 익은 냄비, 소쿠리 등은 선반에 즐비하게 올려두었다. 그렇게 완성된 정겨운 분위기의 일본풍 주방. 식탁은 다다미방에 놓았다. 창밖으로는 초록 대나무숲이 펼쳐지는 아늑한 공간. 이러한 분위기와 맛있는 요리에 이끌려 친구들이 자주 놀러 온다고.

"가마쿠라에 사는 사람은 바다나 산을 좋아하죠. 소소한 일상과 사람 간의 관계를 소중히 여기는 사람이 많아서 자연스레 모일 기회가 많아져요."

요리 교실은 매번 다른 제철 재료를 주제로 하여 육수를 내는 일식을 기본으로 '1즙 3채'를 만들어본다고 한다. 손님접대에서도 가장 중시하는 것은 계절감. 제철 음식은 물론 현

1.스타우브나 타진 등 보기 좋은 냄비는 보이는 수납으로. 2.아끼는 그릇. 푸른빛이 인상적인 스즈키 마키코의 볼, 오키나와 야치문 그릇 등은 일식, 양식할 것 없이 활약한다. 3.감과 버섯을 이용한 무침요리, 산적 등을 담아내면 카운터가 식탁이 된다. 4.지인에게 물려받은 옛날 그릇. 한층 특별하다.

관 장식도 계절과 잘 어울리는 식물로 준비한다. 친구와 함께 요리하는 시간도 많다고.

엄마들이 모인 이 날, 아이들에게 지라시 초밥의 완성을 돕도록 했다. 재료별로 담당을 정해서 예쁘게 올리는 작업이다. 각자 맡은 바가 있다 보니 모두 엄청나게 몰두했다. 여동생을 배려하는 여자아이, 초밥 장인이 된 듯 몰입한 남자아이…… 아이들의 모습이 흐뭇해서 엄마들도 절로 미소 짓게 되고 금세 허물없는 분위기가 되었다.

"지라시 초밥은 재료를 미리 준비해놓을 수가 있어서 편하고, 보기에도 화려해서 손님접대용으로 딱 좋아요. 너무 애써 차린 듯한 요리는 준비가 힘들기도 하고 상대방이 오히려 불편할 수 있죠. 사람들이 쉽게 따라 할 수 있는 쉬운 레시피로 마무리나 플레이팅을 조금 더 고민해요."

한입 크기라 아이들도 먹기 편한 가지, 고구마 산적은 뒷산에서 따온 잎에 올렸다. 뚜껑 달린 국그릇에 담아낸 '도미 동아 찜'. 뚜껑을 여는 순간 선명한 국화 앙가케*에 탄성이 절로 나온다. 소소한 서프라이즈가 있는 작은 연출이 대화의 씨앗이 되기도. 식사준비에 도움을 주었다는 보람에 아이들도 식욕이 왕성해진다. "이곳에 오면 가리는 음식 없이 잘 먹는다"는 엄마들의 말. 요리를 즐겁게 하는 작은 아이디어가 사람들의 마음을 열어준다.

* 녹말을 설탕이나 간장으로 간을 맞추어 탕수육 소스처럼 걸쭉하게 끓여 덮은 음식을 말한다.

1.스타일리스트 오모리 요코와 기쿠치 아쓰키가 큐레이션한 교토의 게이분샤 '가문전'에서 제작된 한정판매 포스터. 액자에 넣어 거실에 걸었다. 가문의 문장을 모티브로 한 모던 디자인이 집과 잘 어울린다. 2.취미로 밴드활동을 하는 남편의 타악기 콩가는 아이들에게 인기만점이다. 3.거실의 음반은 남편의 수집품. 분위기 잡는 데 음악이 빠질 수 없다.

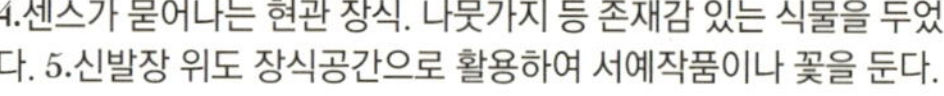

4.센스가 묻어나는 현관 장식. 나뭇가지 등 존재감 있는 식물을 두었다. 5.신발장 위도 장식공간으로 활용하여 서예작품이나 꽃을 둔다.

6.음식도 그릇도 어른, 아이 구별하지 않고 똑같이 칠기 그릇, 도자기 그릇에 담아 먹는다. 아이도 함께 즐길 수 있는 시간. 7.방석에는 〈아슈 페 프랑스〉의 쿠션 커버를 씌웠다. 일본풍을 부드럽게 완화해주는 포인트. 8.대나무숲이 펼쳐지는 뒤뜰에 얼마 전 데크를 설치했다. 아이들의 놀이터, 식후 티타임, 저녁 무렵 술자리에 딱 좋다.

채소도 맛있게 먹기!
채소를 잘 먹는 아이들이 먹고 또 먹는다! "색이 예쁜 채소를 먹고 싶어지게 잘 담는 것도 중요하네요." 엄마들의 감탄이 이어진다.

수강생에게 받은 수제 과자
〈puer〉의 그래놀라는 아들과 함께 요리 교실에 온 지인이 판매하는 것. 손수 만든 것이라 더 고맙다.

다다미방에서 거실까지 쭉 이어져 시원하게 뚫린 느낌을 준다. 어른들은 소파에 앉아 음악을 들으며 수다를 떨고, 아이들은 그림책을 펼쳐놓고 시간을 보낸다.

Today's Topic 친구네 가족과 아이들이 함께 시끌벅적 즐거운 곳

마음에 드는 곳에서 느긋이 휴식할 수 있는, 칸막이 없이 자유로운 공간

다키자와 카이, 노리코 씨

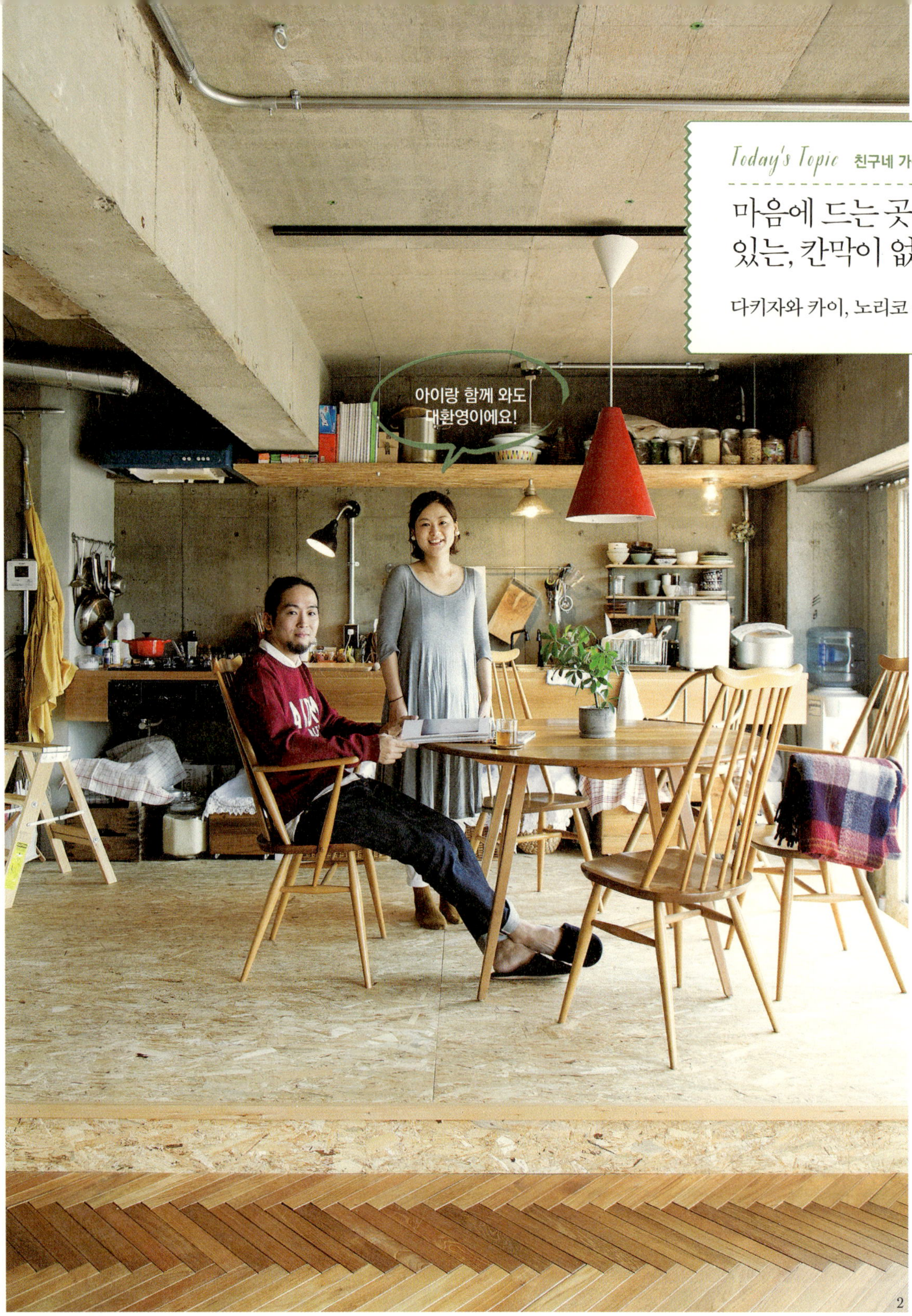

Profile
Kai & Noriko Takizawa

카이 씨가 디자이너로 일하는 〈PHABLIC×KAZUI〉의 옷과 빈티지 가구 등을 취급하는 콘셉트 숍 〈PHABLIC BASEMENT LIVING-ROOM〉을 운영하는 부부. 2명의 아이를 둔 4인 가족이다.

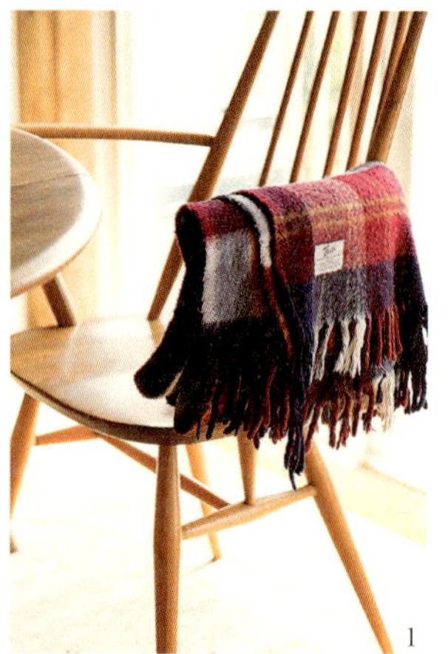

1.자연스럽게 걸쳐놓은 블랭킷. 따뜻한 느낌의 소재가 아늑한 분위기를 연출한다.

2.일상생활과 파티의 중심이 되는 다이닝 키친. 테이블과 의자는 빈티지 〈에콜〉의 제품.

어른과 아이가 제각기 즐길 수 있는 집

동료, 친구, 가족 그리고 아이들. '친한 사람들이 놀러 오는 일이 일상'이라는 다키자와 씨의 집.

"저는 4명, 아내는 3명. 둘 다 형제가 많은 대가족 속에서 자라나 사람들이 많이 모여있는 상황이 자연스럽게 느껴지고 마음이 편한 것 같아요."

공간을 구분하는 벽이 거의 없고, 집 전체가 큰 원룸 형태인 다키자와 씨네 집. 사람들이 모이면 식탁을 둘러싸고 대화를 나누고, 벽을 따라 마련한 주방 공간에서 함께 요리하고, 프로젝터로 다 같이 축구관람을 하는 등 각자 편안한 자리에서 그 시간을 즐길 수 있다.

가구는 라운지 체어, 오토만 소파 등 유연하게 쓸 수 있는 것으로 골랐다. 원하는 자리로 옮겨가서 자유롭게 쓸 수 있다.

벙커침대, 드레스룸 등은 비밀기지 같은 느낌이라 아이들이 즐겨 찾는다고. 사다리를 오르내리고 칠판에 그림 그리며 놀다 보면 처음 만난 아이도 금방 친해진다!

"아이들을 보며 놀 수 있을 정도의 거리라, 아이와 같이 온 지인들의 평판이 좋아요." 웃으며 말하는 노리코 씨. "매주 놀러 오고 싶을 정도로 즐겁고 편안한 곳이에요." 놀러 와 있던 무라야마 씨는 집에 대해 칭찬을 아끼지 않는다.

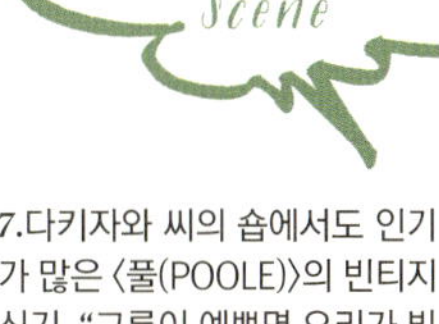

벽을 따라 크게 만든 주방. 여러 사람이 함께 요리하기에 딱 좋은 레이아웃이다.

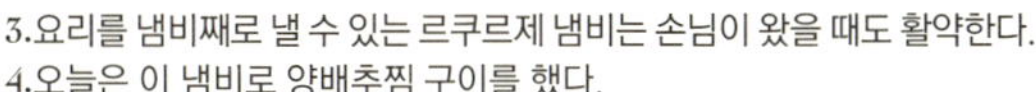

3.요리를 냄비째로 낼 수 있는 르쿠르제 냄비는 손님이 왔을 때도 활약한다.
4.오늘은 이 냄비로 양배추찜 구이를 했다.

5.요리하는 엄마 옆에서 피자를 만드는 아이
들. 보이는 곳에서 놀게 할 수 있어 안심이
라고. 6.피자 조리용 카운터는 평소에 이렇
게 접어둔다.

Party scene

7.다키자와 씨의 숍에서도 인기
가 많은 〈풀(POOLE)〉의 빈티지
식기. "그릇이 예쁘면 요리가 빛
나죠. 나물무침도 훌륭한 접대
요리가 돼요(웃음)." 8.요리가
완성되면 식탁에 모여 모두 함
께 "잘 먹겠습니다!"

1.높낮이 차이와 바닥 소재의 변화로 자연스럽게 구분 지은 주방과 거실. 거실 바닥은 헤링본 기법으로 완성했다. 2.거실에 걸린 해먹은 아이들에게 인기 만점 3.주방 배관 때문에 단을 올려 만들었는데, 편하게 걸터앉기에도 딱 좋은 높이가 되었다. "내려서면 아이와 눈높이를 맞출 수 있어 더욱 가까워지는 느낌이에요."

해먹과 프로젝터, 놀 거리가 한가득!

4.거실 한쪽의 모습. 빈티지 서랍장 위에 놓인 가족사진에 마음이 포근해진다. 5.아빠들은 라운지 체어나 어린이 의자를 편한 장소에 옮겨와 프로젝터로 축구경기를 보고 있다.

어린이 책상은 60년대 〈지플랜(G-PLAN)〉의 네스트 테이블. 두 개 나란히 놓은 모습이 귀엽다.

LDK와 연결된 어린이 코너. 왼쪽 어린이 의자도 〈에콜〉 제품이다. 칸막이벽 너머에는 비밀기지(벙커 침대 & 옷장)가 있다!

Playroom & Entrance

6. 7. 현관에서 이어지는 공간의 옷장 겸 로프트베드. 그리고 칠판 소재로 만든 칸막이벽. 사다리, 그림 그릴 수 있는 칠판 등 즐길 거리가 한가득!

8. 유일하게 사방이 막힌 공간은 욕실. 화장실과 세면대 공간도 구분 짓지 않고 하나의 공간으로 만들었다. 9. 세면대 한쪽에는 《비밀기지 만드는 법》이라는 책이 놓여 있다. 여기서도 유쾌한 생활 방식이 드러난다.

Today's Topic 해외 부임이 결정된 친구의 송별회

맛있는 음식과 음악을 따라 사람들이 모이는 언덕 위의 단독주택

이노우에 씨

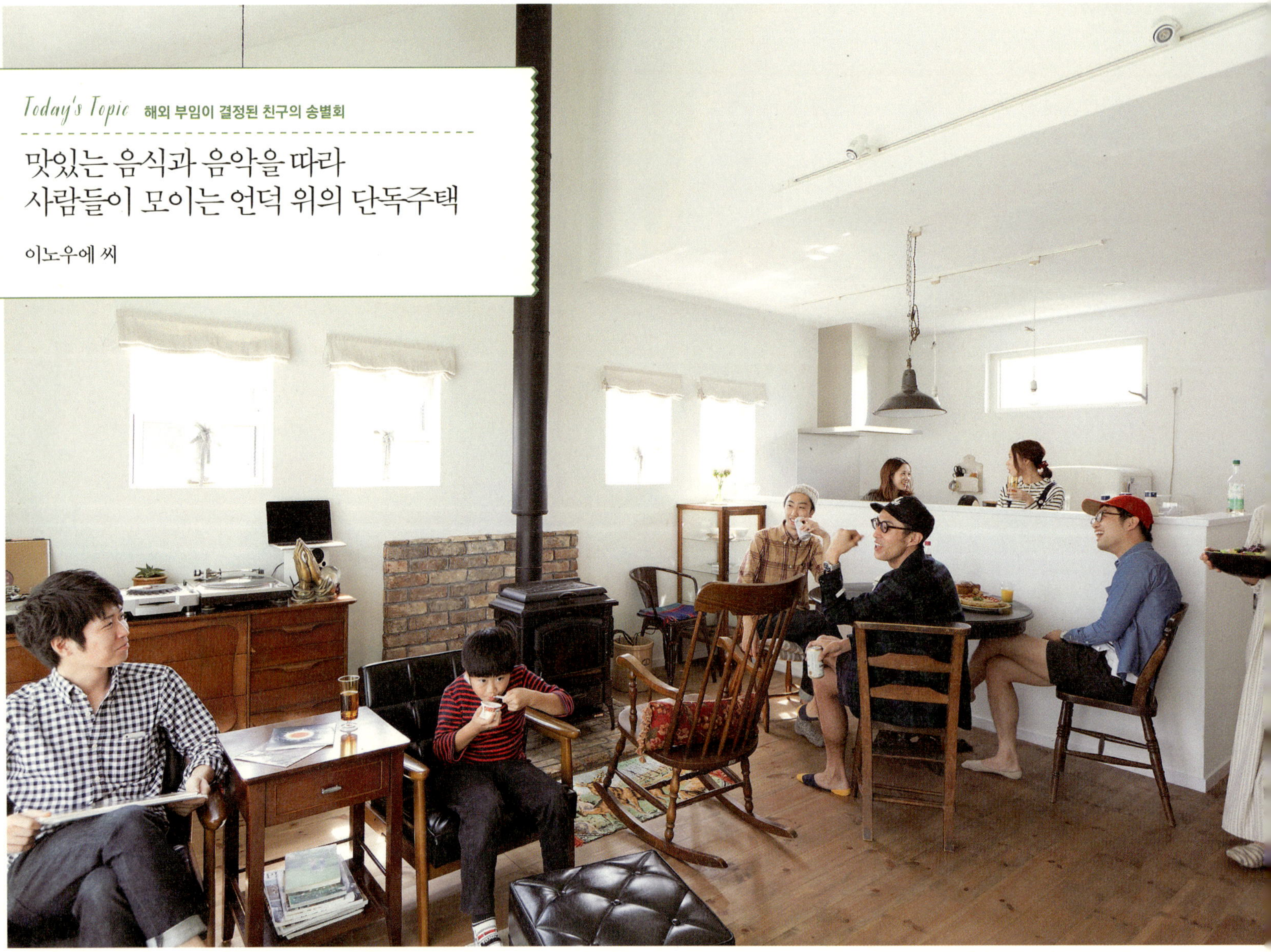

각자 편하게 앉을 장소가 있는 것이 안락함의 비결. "사람들이 왔을 때를 고려해서 식탁은 원형으로 골랐어요. 가까이 붙으면 7명 정도는 앉을 수 있어요."

Party scene

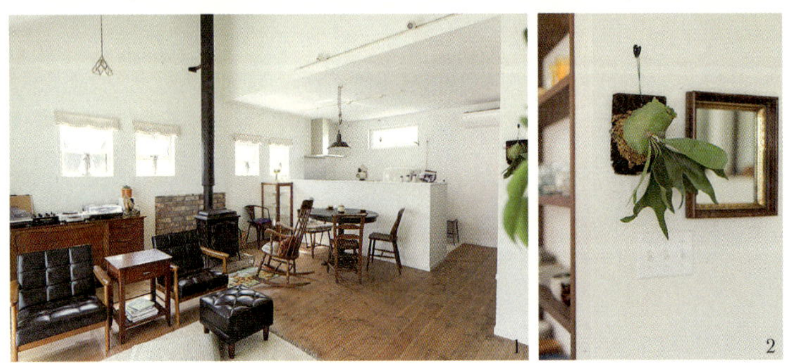

1."가구는 거의 다 중고 제품이에요. 지역 벼룩시장에 가면 깜짝 놀랄 만큼 괜찮은 물건을 만날 수 있죠." 2.실내에 배치된 식물은 남편이 고른 것.

장작 난로의 불꽃이 홈파티 분위기를 돋운다

이노우에 일가가 사는 곳은 자연이 풍부한 사이타마 현 교외 지역.
"밤에는 별이 예쁘고 아침에는 꿩 울음소리로 눈을 떠요. 도쿄에 사는 친구들은 그게 신선하다고(웃음) 여행 기분으로 놀러 오곤 해요."
이날 모인 것은 음악을 좋아하는 남편의 DJ 친구들. 아내와 외동아들 덴타도 이미 허물없이 지내는 사이라 모두 친구 같은 분위기다. 처음 집에 온 손님은 "일본 집이 아닌 것 같아!"라며 감탄했다. 장작 난로가 있는 널찍한 거실과 주방에는 이미 맛있는 냄새가 감돌고 있다.

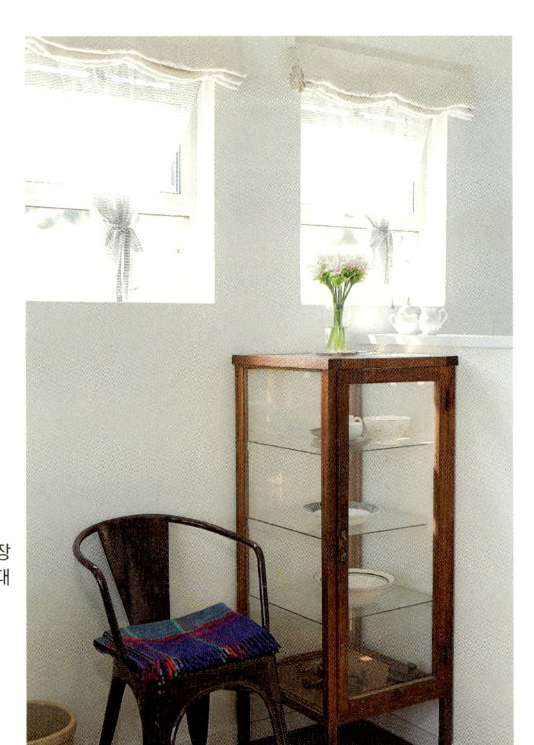

식당 한쪽에 있는 장식장은 프랑스에서 빵 진열대로 쓰이던 것이라고.

"아파트에 살 때는 손님이 오면 현관에 신발이 꽉 찼어요. 그래서 새집은 현관을 넓게 하고 싶었죠." 현관 디스플레이도 멋스럽다.

Profile
Inoue Family

활기 넘치는 덴타와 함께. 부부는 고등학교 시절 선후배. "고향이 같아서 서로의 친구를 처음 만나도 이야기 하다 보면 결국 어딘가 연결 고리가 있죠(웃음)."

3.식당 벽면에 설치한 폭이 얕은 선반. 평소 잘 쓰는 그릇 외에 파티용 앞접시, 유리컵도 이곳에 정리하여 자유롭게 꺼내 쓸 수 있게 했다. 4.턴테이블이 올려진 창가의 캐비닛은 동네 고가구점에서 발견한 것. "근처 살던 미국인이 내놓았다고 해요."

Getting ready for the party

5.정원에서 키운 바질 잎을 따서 요리에 쓴다. 꽤 본격적으로 채소를 기르고 있다. 6.난로에 불붙이는 일도 익숙하다. "불꽃을 보면 위로받는 느낌이랄까, 그래서 사람들이 여기 모여들어요."

창 너머가 현관. 창을 통해 손님이 도착하는 모습이 보이도록 만들었다. 창틀은 프랑스제로, 이 집을 짓기 전부터 아끼며 보관해온 것.

"조금 늦었지만 덴타의 생일 선물이야!" 손님 중 한 명이 사 온 케이크. 파티 테이블이 한층 화려해졌다.

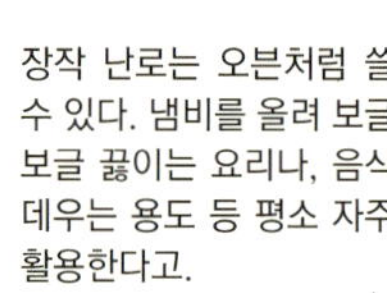

장작 난로는 오븐처럼 쓸 수 있다. 냄비를 올려 보글보글 끓이는 요리나, 음식 데우는 용도 등 평소 자주 활용한다고.

메뉴의 기본은 '손쉬운 식재료로 조금 멋스럽게'. 오늘은 이 지역에서 난 채소를 중심으로 역시 이 지역의 밤을 이용한 파운드 케이크도 준비했다. 음료는 손님들이 챙겨왔다.

요리나 설거지도 게스트와 함께. "이렇게 도와주면 초대하는 쪽도 편해요."

요리와 집에 깃든 세심한 정성

"손님접대라고 해서 특별한 재료를 쓰거나 호화로운 요리를 하진 않아요(웃음). 그보다는 매크로바이오틱(macrobiotic)* 을 실천하는 친구나 알레르기가 있는 아이가 특별 취급받지 않아도 되도록 모두가 먹을 수 있는 음식을 준비하는 것에 더 신경 써요."라는 아내.

그날 오는 손님에 맞추어 준비하다 보니 딱히 단골 메뉴는 없다고. 그래서 레시피의 폭이 더 넓다. 또 하나 부부가 신경 쓰는 점은, 처음 온 손님도 거리낌 없이 편안히 머물 수 있게 하는 것이다.

"의자를 넉넉히 준비하고, 바닥에 쿠션도 늘어놓고 해서 자유롭게 앉고 머물 공간을 만들어요."

튀지 않는 배려의 마음이 전해져서일까, 한번 온 사람은 또 오고, 파티가 끝난 후 자고 가는 손님이 끊이지 않는다고 한다. '초대'라기보다는 '자연스레 모이는' 것. 그것이 이노우에 가의 접대 스타일이다.

* 제철 음식을 뿌리부터 껍질까지 통째로 먹는 식습관.

전체 공간이 한눈에 들어오는 곳에 위치한 주방. 가림막 덕분에 거실 쪽에서는 싱크대나 조리대가 보이지 않는다.

아늑함을 더하는 장작 난로와
천장이 높은 공간

1. DJ 친구들은 각자 좋아
하는 음반을 가져와 즐긴
다. "재즈처럼 대화를 방
해하지 않는 음악을 자주
골라요." 2. 식사도 술자리
도 각자 편한 자리에서 이
야기를 나눈다. "집주인이
딱히 배려하려 나서지 않
는 점이 오히려 더 편안해
요(웃음)."

이노우에 씨에게 Question!

주거형태 : 단독주택   구조 : 3LDK   넓이 : 약 104㎡

Q. 손님이 오는 날의 하루 일정은?
보통 전날이나 전전날까지 대략적인 메뉴를 정하고 채소랑 재
료를 준비해놓죠. 당일 아침에는 남편이 전체적으로 청소해요.

Q. 지금까지 가장 좋은 평가를 받았던 홈파티가 있다면?
파티 분위기는 접대 방법이랑 손님에 따라서 달라져요. 점을 볼 줄
아는 친구를 초대한 날, 엄청나게 분위기가 달아올랐죠(웃음).

Q. 크리스마스나 신년에는 어떻게 지내시나요?
크리스마스는 결혼기념일을 겸해서 가족 파티를 해요. 설날 아침
은 아이랑 함께 떡국을 만들어 친척들에게 돌리러 다니곤 하죠.

Q. 홈파티에서 대활약하는 아이템은?
친구한테 선물 받은 더치오븐. 파스타 소스
나 스튜를 전날 미리 만들어 뒀다가 그대로
테이블에 낼 수 있어요.

Q. '휴식이 있는 집'에 필요한 것은?
남편 : '어지럽혀도 괜찮아!'라는 분위기와 기분 좋은 음악.
아내 : 손님이 가리지 않고 먹을 수 있는 음식, 그리고 꽃.

Exterior

작은 언덕 위에 서 있는 이노우에
씨네 집. 초록 잔디와 하얀 길, 사
각으로 만든 입구와 굴뚝 등이 그
림 같다. 설레는 마음으로 문을
두드리게 되는 집.

L자로 완만하게 이어지는 거실과 주방. "편안한 느낌을 주려고 거실과 주방을 넓게 구성했어요."
식탁은 10년도 더 전에 도쿄 홋사의 〈데모데(demode)〉에서 구입한 중고품.

기분 좋은 개방감, 맛있는 요리가 빛을 발하는 집

모토자와 노부오 & 레이나 씨

Profile
Nobuo & Reina Motozawa

프로야구 구단의 매니지먼트 일을 하는 노부오 씨와 무역회사에 다니는 레이나 씨. 살고 싶은 동네 랭킹 No.1인 도쿄의 기치조지에 3년째 살고 있다. 곧 3인 가족이 된다고!

출퇴근이 멀어도 여기가 좋아요

"둘 다 동료들이랑 모여서 시시한 이야기 하며 한잔하는 것을 좋아해요(웃음)." 이렇게 말하는 모토자와 씨 부부의 집은 L자형 LDK로, 중심에 커다란 식탁이 있어 '만들고 먹고 쉬는 것'이 딱 좋게 연결되는 구성의 공간이다.

"손님 초대를 의식한 것 아닌데, 내가 원하는 공간으로 꾸미고 나니 다른 사람들도 아늑 해하는 공간이 되었어요." 철들고 나서 인테리어에 눈을 뜬 레이나 씨. 그 시절 한눈에 반해 친정집 자기 방에 두고 쓰던 식탁을 결혼 후에도 가져왔다. "처가에 처음 놀러 갔을 때 '이렇게 큰 걸 방에 두다니?' 하며 놀랐어요(웃음)." 노부오 씨가 말했다.

손님이 와도 딱히 특별한 준비는 하지 않는다는 두 사람. "음식도 평소대로고 우리가 너무 신경 쓰지 않는 편이 오는 사람도 편안하게 즐기다 갈 수 있는 것 같아요."

멀리 살면서도 정기적으로 놀러 오는 친구도 많다고 한다. 일부러 시간 들여오고 싶을 정도로 아늑하고 기분 좋은 집이다.

주방의 선반에는 커피와 차 등을 장식하듯 수납했다. 여백을 살려 늘어놓은 모습이 멋스럽다. 스테인리스로 된 백 카운터는 〈텐포스 버스터즈〉에서 구입한 업소용 조리대.

Getting ready for the party

현관에서 바로 나타나는 주방. 요리하면서 손님을 맞을 수 있다. 요리하는 손은 보이지 않게 조리대 앞쪽을 한 단 높였다.

사람이 많을 때 쓰는 이케아의 스툴. 평소에는 방구석에 쌓아 올려 보관한다.

식탁 위는 나뭇가지로 장식했다. "꽃보다 오래가고 계절감을 연출할 수 있는 가지, 열매 달린 것을 더 좋아해요."라는 레이나 씨. 좋아하는 꽃집은 기치조지의 〈욘히키노네코〉.

1.2. 손님이 오기 직전 테이블 준비 시작. "이 시간도 즐거워요." 커트러리, 유리잔을 반짝반짝 닦는 것은 노부오 씨 몫이다.

1.널찍하게 뚫린 현관. "자전거 등을 둘 수 있는, 바깥과 연결되는 공간이 필요했어요. 손님들도 좋아해요." 2.거실 옆은 침실이다. 손님이 오는 날엔 가방 보관 장소로 활용한다. 바닥재 나무판을 활용한 미닫이문과 검게 칠한 실내 창이 심플한 공간의 악센트가 된다. 3.분위기를 풀어주는 식물이 집 곳곳에 자연스레 놓여 있다.

4.5.손님이 선물로 사 온 치즈 케이크와 꽃. "작은 마음 씀씀이가 고맙죠." 손님이 음식을 챙겨오거나 함께 음식을 하기도 하고, 주인이 실력발휘를 하는 날도 있다는 모토자와 씨네 파티. "그런 부분도 크게 신경 쓰지 않고 유연하게 해요."

오늘의 손님은 레이나 씨의 회사동료. "예전엔 외식을 많이 했는데, 요샌 모토자와 씨 집에 자꾸 모이게 되네요(웃음)."

모토자와 씨에게 Question!

주거형태 : 아파트   구조 : 1LDK   넓이 : 약 65㎡

Q. 홈파티에서 대활약하는 아이템은 ?

핫플레이트 방식의 다코야키 기계. 다 같이 구우면 시끌벅적 신이 나죠. 반죽이 익길 기다리는 시간도 즐거워요.

파스타 머신과 파스타 반죽을 만들 때 쓰는 보드. 플랫 보드는 《쿠오카(cuoca)》에서 샀어요.

《무인양품》의 이가야키오리베의 흙냄비. "여기에 가장 좋은 양념은 카야노야의 생(生) 시치미에요!"

Q. '휴식이 있는 집'에 필요한 것은 ?

남편 : 개방감 있는 널찍한 공간.
아내 : 뒤죽박죽 물건이 없는 방.

Q. 손님이 오는 날의 하루 일정은 ?

익히는 시간이 오래 걸리는 요리는 전날 밤에 미리 준비해요. 장보기나 청소는 전날 끝내놓기도 하고 그날 할 때도 있어요.

Q. 지금까지 가장 좋은 평가를 받았던 홈파티가 있다면 ?

만두 파티, 다코야키 파티, 수제 파스타 파티 등 주제를 정해서 다 같이 만드는 방식이 인기도 많고 즐거웠어요.

Q. 크리스마스나 신년에는 어떻게 지내시나요 ?

크리스마스는 느긋하게 집에서 치킨과 케이크를 먹어요. 설날에는 당일치기로 하코네 온천에 가고요.

중고주택, 아파트, 신축주택을

나에게 맞는 키친으로 바꾸는 DIY

주거공간을 직접 손보아 자기 취향에 맞게 바꾸는 사람이 늘고 있다.
손을 움직이고 시간을 들여 만든 나의 맞춤 주방.
자기 스타일을 최대한 실현한 궁극의 주방 3곳을 소개한다.

EXISTING HOME

1.공간을 구분 짓는 벽처럼 보이는 것은 사실 주방 작업대 겸 수납용 카운터. 물론 DIY작품이다. 식탁 쪽에는 칠판페인트를 칠해 카페 분위기를 냈다. 2.페인트는 'EF 칠판 페인트'. 분필을 물로 닦아 지우기 위해 유성페인트를 골랐고 용해액도 함께 준비했다. 3.원바이포(1인치(두께) X 4인치 (폭))의 소나무 바닥재를 기존의 바닥 위에 올렸다. 판자 하나하나에 못을 박고 마무리는 스펀지로 브라이왁스(BRIWAX, 밀랍왁스)를 바른 후 천으로 닦았다.

4.수납장은 먼저 회색 페인트칠을 하고 그 위에 흰색을 덧칠하여 줄로 다듬어 일부러 낡은 느낌을 냈다. 마음에 드는 색조나 질감이 나올 때까지 손볼 수 있는 것이 DIY의 가장 큰 묘미다.

01

1

THEMA_ 중고주택에서 DIY!

부부가 함께한 DIY로
고가구가 어울리는
카페 같은 주방이 완성!

〈atelier bloom〉
스즈키 도모에 씨

프리저브드 플라워를 사용한 소품, 액세서리 등의 작품을 제작·판매하는 〈아틀리에 블룸〉을 운영. 남편과 초등학교 2학년 아들과 함께 사는 3인 가족이다.

거실은 아틀리에 옆에 삼각형으로 툭 튀어나온 모양이라 바닥재를 깔 때 맨 마지막에 사선으로 잘라야만 해서 그 부분이 가장 어려웠다고. DIY의 최대 난관이었다고 한다.

가구제작에서 회반죽 칠, 바닥재 시공까지

'예산은 정해져 있으니 다 꾸며진 신축보다는 중고주택을 사서 내 마음대로 바꾸고 꾸미고 싶다'는 생각에 지어진 지 20년 된 집을 샀던 스즈키 씨. 그로부터 7년째 살고 있다. 남편과 문 달린 가구를 만들어본 후 자신감이 생겨 다다미방부터 '셀프 바닥시공'을 시작했다. 나뭇결이 드러나 있던 천장과 기둥을 하얀 페인트로 칠하고, 벽에는 회칠을 했다. 바닥의 다다미는 들어내고 목재로 직접 시공했다.

'고가구가 어울리고 생활이 편리한 공간'을 목표로 삼아 아내 도모에 씨가 완성도를 그리고, 남편이 작업 지휘를 하며 거의 셀프 인테리어로 지금의 집을 완성했다. 비결은 밑바탕을 튼튼히 하는 것. 그래야 보기에도 좋고 오랫동안 질리지 않는 인테리어가 된다고 한다. 지금도 다양한 구상을 하고 있으며 매일 조금 더 아늑한 공간으로 업데이트하고 있다.

거실의 수납장은 DIY를 시작하는 계기가 된 가구. 이 집으로 들어올 준비를 할 때 작품제작에 쓸 도구나 재료를 수납하기 위해 남편이 만들었다. 이후 자신감을 얻어 내장재까지 셀프 시공을 했다고 한다.

4.주방 옆에는 나무 벽을 세웠다. 다다미 방이었던 공간의 장지문 자리를 가리기 위해 직접 만들었다. 재료는 바닥과 동일한 1×4의 소나무 목재. 빛이 들게 하기 위해 작은 창을 냈다. 5.나무 벽에 이케아의 선반을 달고 자주 쓰는 것들을 올려놓아 카페 분위기를 냈다. 또 칠판과 툴 행거를 달았다. 자유자재로 활용할 수 있는 것이 DIY의 매력.

Q.1 자주 가는 홈센터(주택설비, 철물점)는?

사이타마 현 미사토에 있는 〈수퍼비바홈〉. 공구를 빌릴 수 있다.

Q.2 재료 선정이나 구입에 비법이 있다면?

반죽해놓은 석회나 브라이왁스 등 특별한 도구 없이 손쉽게 시공할 수 있는 것으로 고른다. 남은 회반죽은 화분 등의 재활용에 활용한다. 목재는 잘라서 판매하는 사이즈를 기준으로 잘 계산하여 낭비가 없도록 한다. 홈센터의 매니저 등에게 많이 상의해서 사는 편이다.

Q.3 가장 어려웠던 DIY는?

바닥재와 창틀 등의 목재를 45도 대각선으로 자르고 바닥에 까는 작업.

Q.4 순조로운 작업 진행을 위해 팁이 있다면?

주방을 쓰지 못하거나 내 몸이 지저분해지는 상황에 대비해서 식사는 미리 마련해둔다. 또 3일 연휴 등을 이용해 집중적으로 하고 끝내는 것이 좋다.

Q.5 작업도구를 보여주세요.

목공용 본드는 바닥에 못질을 하기 전에 가접착용으로 쓰기 좋다. 전동제품 등 고가의 공구는 재활용숍에서 구입했다.

Q.6 사길 잘했다고 생각한 공구는?

임팩트 드라이버. 큰 힘을 들이지 않고 나사를 강하게 조일 수 있다.

Q.7 쓰길 잘했다고 생각한 재료는?

브라이왁스. 밀랍이 주성분이라 냄새가 거의 없다. 다만 얇게 바르지 않으면 닦아낼 때 고생할 수 있다.

Q.8 앞으로 계획하고 있는 DIY는?

아틀리에의 창과 복도 바닥시공. 아이의 신발이 커지고 있어서 신발장도 확장할 계획이다.

02

THEMA_ **아파트에서 DIY!**

벽장과 페인트
등을 활용해
앤티크 키친 만들기

〈Salvage antiques〉
roshi 씨

아름다운 사진과 함께 앤티크 생활을 소개한 블로그 'Salvage antique'의 인기가 높다. 인스타그램 등 SNS에서도 주목받고 있는 그. 본업은 역사 깊은 식료품 회사의 직원이다.

1.주방에는 나무 선반×앤티크 브라켓의 조합으로 선반을 달아 레스토랑 주방 느낌을 냈다. 선반은 꽤 오래전에 〈그린핑거스〉에서 구입한 정원용품. 2.수납장의 문은 짙은 회색 페인트로 칠했다. 원래 우레탄 도장이 되어 있었다고. "보통은 박리제로 우레탄을 벗겨내고 페인트칠을 하지만 번거로워서 생략했어요(웃음). 여러 번 겹쳐 바르면 별문제 없이 칠할 수 있어요."

문 등에 낡은 느낌을 더하기 위해 페인트와 함께 사용한 브라이왁스. "일반적으로 어느 부분이 어떻게 닳는지 생각하면서 낡게 만들어요."

식당과 주방 사이에 앤티크한 창문과 직접 짠 프렌치 도어를 달았다. "좁은 폭에 딱 맞는 앤티크 창문을 기적적으로 만났죠."

라인은 날렵하게, 셀프 제작 느낌을 감춘다

앤티크 분위기가 빛나는 마음에 드는 공간을 만들고자 DIY를 시작한 roshi 씨. 마치 해외에 있는 집 같아 보이지만, 알고 보면 지극히 평범한 아파트다.

"시행착오를 겪어가며 되는대로 익힌 DIY 실력이죠(웃음)."

'백화점용 상품개발'이라는 직업 특성상, 도료 등의 재료를 보면 어렴풋이 그 성질이 보인다고. "DIY는 의외로 케이크 만드는 작업과 비슷해요. 크림도 도료도 모퉁이는 두껍게 발라 연결짓는 것처럼, 비결을 응용할 수 있어요."

이렇게 말하는 roshi 씨는 특히 라인, 모퉁이를 날렵하게 마무리해 느슨한 느낌이 없도록 심혈을 기울인다고 한다. 일부러 낡은 느낌을 낼 때도 실제로 어떤 식으로 낡아갈지 상상해서 그 부분에 색을 겹쳐 칠하거나 닳게 한다고. 그래야 어설픈 느낌 없이 멋지게 완성된다고 한다. DIY의 힌트가 가득 담긴 집이다.

3.거실 소파 코너에는 앤티크 수납장과 어울리는 선반을 설치. 벽은 회반죽과 페인트를 덧칠해 맛을 냈다. 미묘하게 다른 톤의 화이트가 겹치며 운치 있는 공간이 되었다. 4."공간이 좁아서 몰딩으로 표정을 더했어요." 벽에 양각이 있으면 빛이 반사되며 깊이감이 생기고 공간이 넓어 보이는 효과가 있다. 앤티크 상들리에와 가구가 돋보이게 한 roshi 씨 특유의 공간.

Q.1 기본적인 노하우는 어디서 익혔는지?

기본적으로 '감(勘)'이다(웃음). 케이크 만드는 일을 하고 있어서 재료의 특성이나 마감 방법 등을 응용할 수 있었다.

Q.2 자주 가는 홈센터는?

집 근처의 《도이트》. 자전거로 가면 금방이라 재료가 떨어져도 곧바로 사올 수 있어 좋다.

Q.3 재료 선정이나 구입에 비법이 있다면?

석회나 모르타르 등은 가루로 구입한다. 반죽되어 있는 것은 보관이 어렵지만 가루 상태라면 어느 정도 보존할 수 있어서 추천한다.

Q.4 가장 어려웠던 DIY는?

문과 창문. 주방 문은 경첩 위치가 단 몇 ㎜ 틀어져 닫히지 않았다.

Q.5 순조로운 작업 진행을 위해 팁이 있다면?

콘크리트 치기가 끝난 다음 온도·하중·충격·오손·파손 등의 유해한 영향을 받지 않도록 충분히 관리할 것.

Q.6 작업도구를 보여주세요.

단면 날의 미니커터, 솔, 롤러, 양동이, 드라이버. 이것으로 대강 해결된다. 저렴한 것을 사서 망가질 때까지 쓰는 편이다.

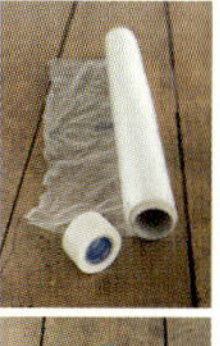
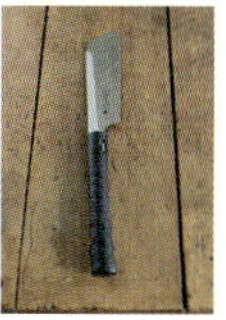

Q.7 쓰길 잘했다고 생각한 재료는?

강력 양면테이프. 월데코의 목재 등은 가벼워서 이 테이프면 OK. 접착제와 함께 쓰는 것도 좋다.

Q.8 애용하는 재료는?

홈센터에서 일반적으로 파는 수성도료. 광택 없이 매트한 계열을 사서 색을 조합해 쓴다.

Q.9 작업 중 문제가 생기면 어떻게 하는지?

문제가 있는 상태로 끝내지 않는다(웃음). 임기응변으로 방향을 바꾸어 대처한다. 문제가 실패로 끝나지 않는 것이 오히려 DIY의 매력이다.

THEMA_ **신축주택에서 DIY!**

신축이지만 일부러 낡은 분위기로. 내 취향대로 바꿀 수 있어 즐겁다.

03

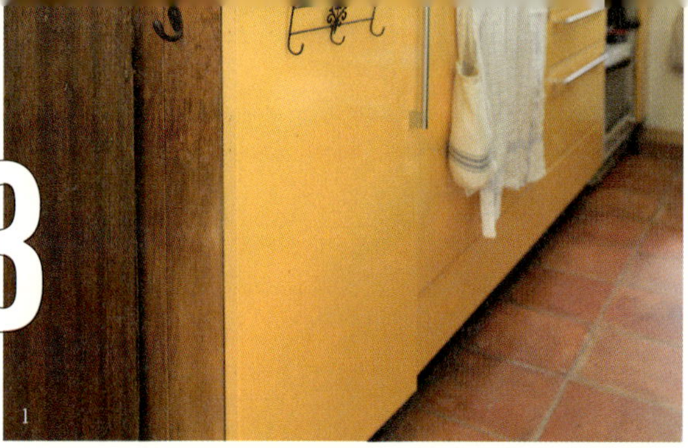

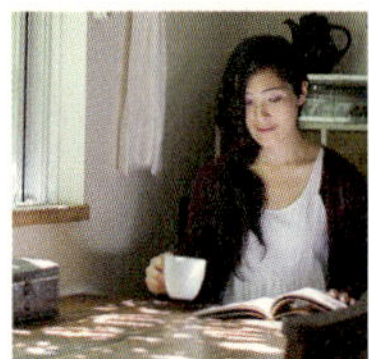

블로거 **다카하시 가오리** 씨

고등학생, 중학생, 초등학생 3명의 아들, 남편과 함께 사는 5인 가족. 비싼 전동공구는 생일 선물로 받는다고. 블로그 'nostalgic days days… (http://ameblo.jp/nostalgicdays-kao)'와 동료들과 함께 1년에 1~2회 수제 아이템을 자택에서 판매하는 원데이숍 'nostalg-ie'의 인기가 높다.

1.주방 수납장은 청소가 편한 게 우선이라 고치지 않고 두었다. 바닥은 데라코타 풍 쿠션 플로어를 붙이지 않고 깔기만 했다. 2.등 뒤쪽 수납은 낡은 오픈 선반에 어울리게 잡화점에서 산 나무상자에 '왓코(watco) 오일 + 브라이왁스'를 바르고 놋쇠 손잡이를 달았다. 3.'인조대리석×노란색'이었던 시스템 키친 위에 타일을 깔고 나무판을 붙여 내추럴 키친으로 변신시켰다.

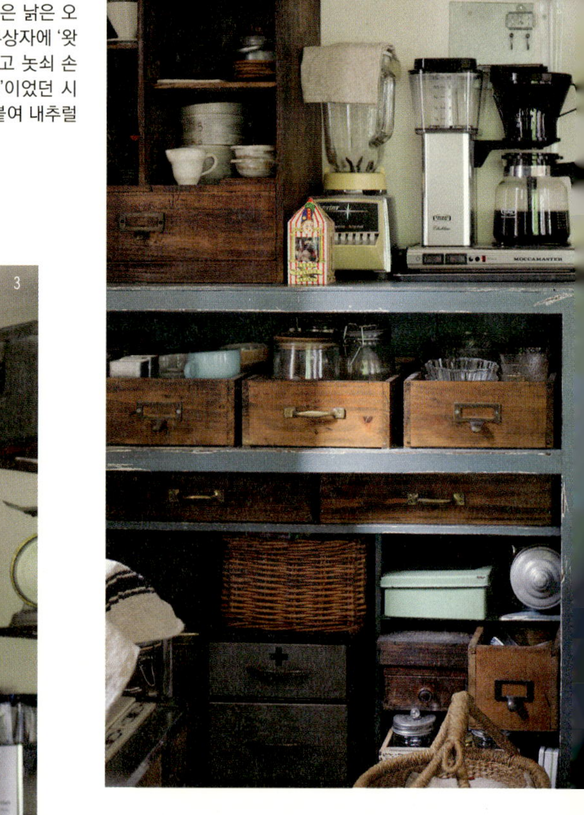

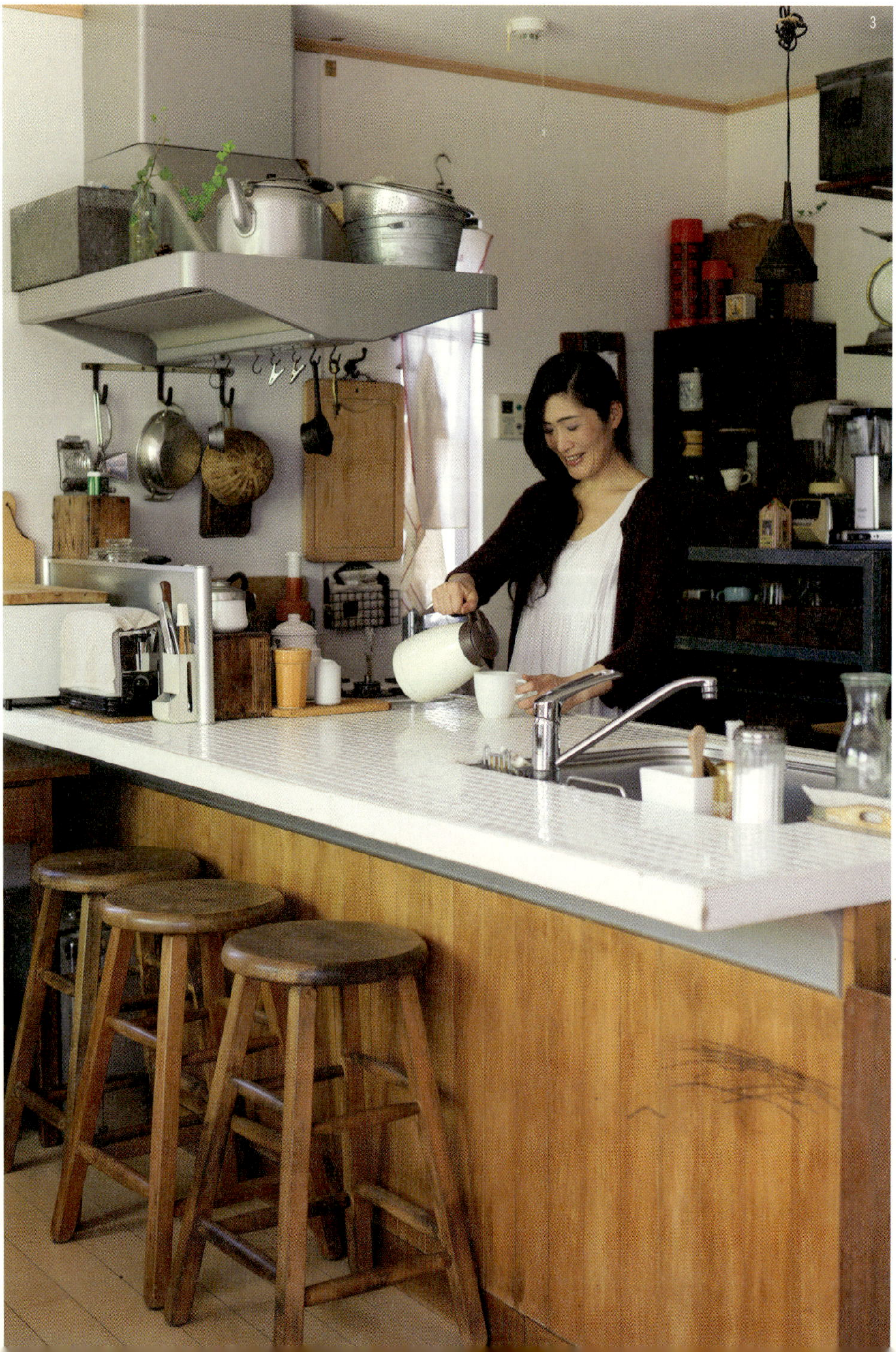

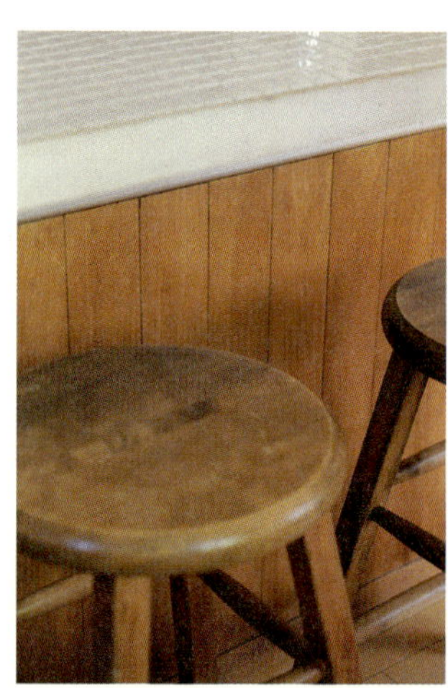

조리대 상판의 측면에는 타일을 붙이기 어려워 나무틀을 붙이고 흰색 페인트를 칠했다. 싱크대 옆면은 강력 양면테이프로 나무판을 붙이고 왓코 오일로 마무리했다. 운치 있는 스툴과도 잘 어우러진다.

DIY로 시스템 키친이 내추럴 키친으로 변신

8년 전, 입지와 예산이 계획에 딱 맞는 신축주택을 구입한 다카하시 씨. 오픈키친은 마음에 들었지만 싱크대는 화려한 노란색이었다. 옛것을 좋아하는 다카하시 씨가 원하던 인테리어와 어울리지 않아 어떻게든 해야겠다고 생각한 것이 이 집 DIY의 시작이었다.

처음에는 측면에 타일 패널을 붙였는데 그다지 마음에 들지는 않았고, 이사 후 3년 만에 나무판으로 바꾸었다. 그 후 문의 이미지를 바꿔보거나 수도 주변 벽에 회칠을 하기도 하고 수집해둔 앤티크 부자재를 곳곳에 써보며 DIY로 점점 옛것이 어울리는 공간으로 변화시켰다.

"자기만의 분위기를 살리고 사이즈도 딱 맞출 수 있는 게 DIY의 장점이에요. 마음에 안 드는 부분을 마음에 들게 바꿔 가는 거예요. 그 작업을 마치고 나면 내가 얼마나 편해질지 생각하면서 말이죠."

현관에 짜 넣은 신발장. 베이지색 나뭇결무늬가 마음에 들지 않아 좋아하는 색을 조합해서 페인트칠했다(청색, 백색, 흑색 등을 배합). 손잡이도 바꾸었다. 현관의 시멘트 바닥은 하얀색으로 칠했다.

Q.1 기본적인 노하우는 어떻게 익혔는지?

인터넷과 책에서 여러 가지 방법과 실패담을 보고 그중 좋은 방법, 내가 할 수 있는 방법을 찾아냈다.

Q.2 자주 가는 홈센터는?

늘 가는 곳은 집 근처의 〈게이요 D2〉다. 차로는 〈카인즈 홈〉에 가는데 예쁜 페인트와 공작실이 매력적이다.

Q.3 재료 선정이나 구입에 비법이 있다면?

다루기 쉬운 것, 남았을 때 보존하기 쉬운 것으로 고른다.

Q.4 가장 어려웠던 DIY는?

타일 붙이기! 접착제와 줄눈재 작업은 시간과의 싸움이었다.

Q.5 늘어나는 공구나 남은 재료는 어떻게 수납하는지?

골동품 시장에서 사 온, 내가 아끼는 박스에 수납한다.

Q.6 딱 맞는 앤티크 부품을 어디서 찾아내는지?

앤티크 부품은 거의 나의 수집품이다(웃음). 딱히 쓸 곳이 없더라도 마음에 드는 것을 발견하면 사서 모아두었다. DIY를 할 때는 그중에서 크기가 맞는 것으로 골라 쓴다.

Q.7 쓰길 잘했다고 생각한 재료는?

100엔숍의 공작 코너에 있는 목재. 공작용이라 커터로 잘 잘리고 페인트도 잘 발린다. 100엔숍의 페인트는 색 조합할 때 섞어 쓰기에 좋다. 홈센터에서 페인트를 살 때는 무광으로 고른다.

Q.8 작업 중 문제가 생기면 어떻게 하는지?

무슨 작업이든 처음 해보면 문제가 생긴다(웃음). 하지만 하다 보면 목적에 맞게 어떻게든 매듭이 지어진다.

바다를 느끼는

BEACH STYLE KITCHEN

최근 주목받는 것은 적당히 힘을 뺀 분위기와 바다의 상쾌함을
동시에 느낄 수 있는 비치 라이프 스타일 & 인테리어.
바닷가에 자리 잡은 4곳의 주택을 방문했다!

1.불꽃놀이도 볼 수 있는, 최고의 전망을
자랑하는 옥상 2.주방 조리대에는 도마,
커트러리 등을 진열했다. 5.현관홀에는
공예품 분위기가 물씬 나는 아프리카의
의자를 두었다. 아늑함이 느껴지는 주거
공간에 창밖으로 펼쳐지는 풍경이 더없
이 잘 어울린다.

3.현관홀에서 계단을 내려가면 나오는 취미
공간 4.바다를 바라보며 식사할 수 있는 식당
공간에서는 색칠하지 않고 벽에 붙인 나무판
이 포인트가 된다. 붙박이 테이블에 하얀 의
자를 매치하여 상쾌하게 연출했다.

가마쿠라의 바다가 내려다보이는 언덕 위. 절묘한 위치에 선 단독주택은 건축가 가와무라 씨의 집이다.
"바다가 보이는 곳에 살고 싶어서 땅을 찾다가 여기를 발견했어요. 콘셉트는 '바다의 집'이죠."
2층에는 빛과 바람을 만끽할 수 있는 기분 좋은 LDK가 있다. 지대가 높아 이웃의 시선도 신경 쓸 필요 없고 창 너머로 바다와 나무가 바로 보인다. 게다가 고목재 바닥, 나무판, 벽돌 등 천연소재를 고집하여 만든 공간은 아늑함의 극치를 보여준다. 마치 리조트 같다.
"편안하게 다가오기도 하고, 시간이 지날수록 앤티크한 멋이 느껴지길 바라는 마음에서 곳곳에 자연소재를 사용했어요. 내부공간은 되도록 구분 짓지 않고 개방감 있게 마무리했고요."
천장 구조와 기둥이 그대로 드러나는 느긋한 분위기. 벽돌은 레오 씨가 친구와 함께 붙였다고 한다. 거친 마감이 말로 표현하기 힘든 포근함을 자아낸다.

Kamakura

월 데코와 페인트로 앤티크한 공간을

건축가 **가와무라 레오 · 아야코 씨**

중학생 때부터 건축일을 꿈꾸다가 건축사무소 〈스튜디오 레온(studioleon.co.jp)〉을 설립한 레오 씨와 부설 숍의 바이어 겸 스태프인 아야코 씨 부부. 애견 안짱과 2인 1견 생활.

고목재를 사용한 오리지널 키친. "가장 많은 시간을 보내고, 가장 마음에 드는 공간이에요. 친구들이 놀러 오면 거의 여기에 모여요."

California

시원한 바람이 지나가는,
가족 모두가 가장 좋아하는 공간

패션디자이너 **에리카 타노브** 씨

베이에리어와 뉴욕에 4개의 직영점 〈erica tanove(www.
ericatanov.com)〉를 운영하고 있는 패션디자이너. 17세의 장
녀, 12세의 차남, 뮤지션인 남편과 함께 버클리에 살고 있다.

주방에 서 있는 에리카 씨. 아끼는 식기나 조리도구는 늘 보고 지내고
싶어서 열린 수납을 했다. 온 가족이 즐거운 시간을 보낼 수 있는 공간
으로 꾸미고자 수납장 색은 물빛으로 골랐다고.

1.밝은 창가는 글라스자에 담긴 식물과 곡물 코너. "물건은 공간이 넉넉하도록 진열하는 것을 좋아해요. 찾기도 편하고 마음도 편안해지고요." 창밖의 초록과 어우러져 평온한 분위기가 된다. 2.유리 종류는 오픈 선반에 수납. 마음이 내키면 다른 소품으로 바꾸어 진열하기도 한다고. "쓰기 편한 건 물론이고, 내가 좋아하는 풍경을 만드는 것이 중요하죠." 3.작업실 벽의 이미지 보드. 디자인 소스 가운데 아이들이 쓴 귀여운 메시지가!

샌프란시스코 베이가 내려다보이는 버클리 중에서도 최상의 위치에 자리 잡은 단독주택. 모든 방에 기분 좋은 바람이 들고 밖에는 골든게이트브리지도 보인다. 누구나가 부러워할 이곳의 주인은 에리카 타노브 씨. 6년 전 남편 스티븐 씨와 2명의 아이와 함께 이사 왔다. "처음 우리 집에 오는 사람은 창밖의 풍경을 보고 감탄해요." 일 년 내내 온화한 기후의 버클리. 창을 열어둘 때가 많아서 에리카 씨에게 창밖 풍경은 집 선정의 중요 포인트였다.
경치와 더불어 이 집을 더욱 아늑하게 만드는 것은 에리카 씨의 센스가 돋보이는 연출이다. 공간마다 포인트 인테리어가 만들어져 있다. "아티스트인 친구의 작품이나 아이들의 작품, 프리마켓, 벼룩시장에서 발견한 아이템 등을 이리저리 조합하는 게 즐거워요."
숨은 이야기를 품고 있는 소품, 고요한 깊이가 느껴지는 옛것. 이들을 모아서 만들어낸 풍경이 사랑스럽게 느껴진다는 그녀.

4.식기장은 조부모의 유품. 꽃무늬 식기는 할머니로부터 물려받은 귀한 것이다. 아끼는 미드센추리의 숏 글라스로 살짝 장식했다.

Chiba

운치 있는 소재가
빚어내는 편안함

헤어살롱 오너 고우고 사토시 씨

지바 현 인자이 시에서 헤어살롱 〈마리치 헤어왁스(www.marichihair.com)〉를 운영한다. 헤어숍과 같은 부지 내에 있는 자택에서 아내, 중학생 딸과 3인 가족을 이루고 있다.

싱크대 쪽의 벽은 브릭 타일을 하얗게 칠했다. I형 주방에 미국의 공장에서 쓰이던 철제 테이블을 더하여 아내가 바라던 아일랜드 키친을 실현했다.

아메리칸 캐주얼, 빈티지 등 옷에서부터 미국 스타일을 좋아하게 되었다는 고우고 씨. 주거공간 또한 난간과 지붕이 있는 포치를 갖춘 단층집이다.
"넓은 공간은 필요 없어서 단층으로 하되 천장을 높였어요. 개별실은 잠만 잘 수 있으면 충분하다 싶어서 LDK를 넓게 만들었죠. 가족들이 자연스럽게 모일 수 있는 공간이 생겼어요."
주방에는 정성과 고민의 흔적이 역력하다. 앤티크 제품이 많긴 하지만 딱히 그것을 고집하지는 않고 '기분 좋게 쓸 수 있는 디자인'을 기준으로 고른다고 한다. 국적과 연대가 제각각이라도 무엇 하나 그의 눈을 거치지 않은 것이 없어서, 넓은 공간 안에서 보기 좋게 조화를 이루고 있다.
"조명은 너무 밝지 않게, 식물도 알맞은 수만큼만."
이렇듯 지나침을 경계하고 의식한다고. 들보와 바닥재에는 거친 질감의 소재를 사용하고 그와 궁합이 좋은 앤티크 제품과 자연스럽게 자라난 식물로 맛을 더한 공간. 천장을 높여 넉넉하게 지은 공간 속에 아늑함이 가득 차 있다.

1.컴퓨터 책상으로 쓰이는 것은 앤티크 다리미판. 임스 체어와 함께 시크한 분위기를 자아낸다. 2.넓은 포치가 포인트가 되어 해변 분위기가 물씬 나는 외관 3.즐겨 마시는 홍차는 꺼내고 넣기 쉽게 양철 쇼케이스 안에 보관한다. 4.평소 쓰는 식기는 철제 카운터 아래에 수납한다. 멕시코의 천인 사라페(sarape)를 깔아 포인트를 주었다. 5.규조토 벽과 브릭 타일, 고목재로 된 들보. 다양한 소재가 믹스된 느낌이 편안하게 다가온다.

San Francisco

안락함을 자아내는
꾸밈없고 소박한 인테리어

라이프스타일숍 오너
셀레나 미드닉 마일라 씨

샌프란시스코와 LA에 있는 라이프스타일숍 〈제네럴 스토어〉
의 오너이자 아티스트로서도 인기가 높은 세레나 씨. 건축가
인 남편과의 공통취미는 서핑이다.

3.거실 창가에 여러 개의 화분이 모여 있다. 삭풍경해지기 쉬운 장소가 자연이 느껴지는 코너로 변신.
4.끈으로 걸어놓은 바구니는 알고 보니 고양이의 손길을 피하기 위한 방어용. 뜻밖의 상쾌함을 자아낸
다. 숍에서도 판매하는 작품을 벽에 장식했다. 그 옆에 걸린 것은 도마.

샌프란시스코에서 인기가 높은 라이프스타일숍 〈제네
럴 스토어(GENERAL STORE)〉. 다운타운에서 떨어져 있어
조금 불편한 위치임에도 일부러 사람들이 찾아오는 가
게로, 사람들의 발길이 끊이지 않는다.

오너인 셀레나 씨는 긴 생머리에 보헤미안 패션이 어울
리는 그야말로 캘리포니아 걸.

건축가인 남편과 개 1마리, 고양이 2마리와 함께 사는
이 집은 눈앞에 바다가 펼쳐지는 아파트다. 딱히 바다
를 연상시키는 소품이 없는데도 창가에 걸린 식물, 자
연스레 쌓인 책 등 바닷가 생활 특유의 여유로운 공기
가 흐르고 있다.

블루가 포인트 색이 된 꾸밈없는 인테리어가 더할 나위
없이 매력적인 공간이다.

1.셀레나 씨의 아틀리에. 직물이나 수채화 작품 외에 숍
관련 업무도 여기서 처리한다. 2.목재 도구와 그릇을 좋
아해서 어느새 이만큼 모였다고. 5.마크라메(매듭실 레이
스)로 걸어놓은 식물이 거실에 안락함을 더해준다.

이 집이 막 지어진 1970년대의 면
모가 남아있는 주방. 수납장 디자
인이며 레트로 분위기의 바닥 무늬
가 시대를 말해준다. 자연스럽게
모인 나무의 질감과 꾸밈없이 늘어
선 그릇, 양념통의 느낌이 좋다. 상
쾌하고 온기 있는 주방이다.

심플하게 산다!
그 사람의 키친

매일 요리를 만들어내는 주방은 뭐니 뭐니 해도 생활의 중심.
센스 있게 심플하게 사는 그 사람의 키친을 소개합니다.

Profile

푸드 코디네이터로 활약 후 천연효모
빵 쿠엘(coeur)을 운영하며 클래스
를 개최하고 마르쉐 등에 출점도 하고
있다. 자택에서 월 2회 개최하는 작은
시장 '산보요시노히'도 인기가 있다.

Name	고베 유코 씨
Job	천연효모빵 쿠엘(coeur) 운영

산뜻한 생활을 위한 '보여주는 수납'

RECIPE
닭고기 꾸스꾸스

재료 (2인분)

닭다리살 … 1개
바지락(해감한 것) … 1팩
마늘 … 1쪽
양파 … 1개
고구마 … 1개
파프리카(노란색) … 1개
홀 토마토 캔 … 1/2캔
올리브유 … 적당량
소금 … 2작은술
코리앤더 파우더 … 1큰술
커민 파우더 … 1큰술
칠리 파우더 … 1큰술(생략가능)
소금레몬 … 취향껏
　　　　(생략가능, 페이스트 상태인 것이 좋음)

〈꾸스꾸스＊〉

꾸스꾸스 … 3/4컵
소금 … 약간
올리브유 … 약간
끓는물 … 1컵

＊ 씨앗 모양의 파스타로, 파스타 중에서 가장 작은 파스타.

조리법

1　닭고기는 먹기 좋은 크기로 자른다. 바지락은 껍질을 비벼가며 씻고, 마늘은 편썰기 한다. 양파는 반달 모양으로 썰고 고구마는 1cm 두께로 썬다. 파프리카는 1cm 폭으로 썬다. 닭고기 대신 새우나 흰살생선으로 대체할 수 있고 채소는 취향에 따라 감자, 연근 등을 넣어도 좋다.

2　두께 있는 냄비에 모든 재료를 넣고 뚜껑을 덮어 약불에서 30분간 익힌다(눌어붙지 않도록 채소를 먼저 넣고 바지락과 닭고기는 위쪽에 얹는 것이 좋다).

3　꾸스꾸스에 소금과 올리브유, 끓는 물을 넣고 뚜껑을 덮어 10분 정도 두어 익힌다. 용기에 2를 옮겨 담아 꾸스꾸스와 곁들여 먹는다.

서랍형 작업대는 빵 작업에

조리대 밑에서는 쓱 꺼내어 쓸 수 있는 작업대가 대기하고 있다. 필요할 때만 꺼내 쓰고 평소에는 볼이나 조리용 넓은 접시, 계량기 등 요리 수업에 쓰이는 부피 큰 도구들을 정리해서 수납한다.

색을 통일하여 깔끔하게

조리도구는 스테인리스와 블랙으로만 선택한다. 색을 통일하면 그냥 꺼내놓아도 지저분해 보이지 않는다. 약한 불에 오래 끓이는 작업을 위해 화력 센서가 없는 가스대를 찾아 설치했다.

요리가 돋보이는 하얀 그릇은 좋아하는 작가의 작품이다.

그릇은 흰색을 중심으로 안도 마사노부, 구로다 다이조, 오타니 데쓰야 등 좋아하는 작가의 작품으로 조금씩 모았다. "다양한 색보다는 각각 다른 뉘앙스가 있는 흰색에 끌려요."

〈갤러리 야마혼〉에서 구입한 철제 프라이팬. 쓰기 편한 크기에다 계란이 봉긋하게 잘 구워져서 클래스 학생들에게도 호평을 받고 있다고.

주방 벽 전체가 열린 수납의 공간이다. 싱크대와 조리대 아래에도 문이 없다. 모든 것을 오픈하기로 마음먹고 만든 주방이다.
"창고 같은 키친 스튜디오를 떠올렸어요. 속이 보이지 않으면 어수선하게 구석에 밀어 넣게 되니까. 정리에 서툴러서 오히려 열린 수납을 선택했어요."
수납할 수 있는 양도 눈에 바로 보여서 불필요한 물건을 늘리지 않게 된다고 한다.
"르쿠르제 냄비가 크기별로 3개, 흙냄비, 프라이팬…… 사실 그다지 많은 게 필요하지 않아요."
뭐든 손쉽게 꺼낼 수 있어 쿠킹 클래스나 월 1회 이곳에서 여는 마켓의 준비도 매끄럽게 진행된다. 보기에도 좋고 쓰기에도 좋은 만점 주방이다.

> "나의 주방은 풀 오픈.
> 숨길 장소가 없기 때문에
> 조리도구도 그릇도
> 재색겸비, 소수정예로"
> — 고베 씨

Profile

책, 잡지, TV 등을 통해 폭넓게 활
약 중. 채소를 중심으로 하여 소재
의 맛을 살린 특유의 레시피로 정평
이 나 있다. 〈의·식·주 어른의 준비
(주부와 생활사)〉 외 저서 다수.

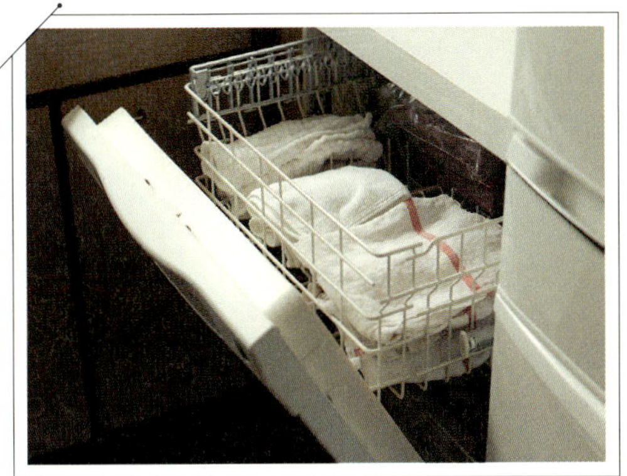

행주는 엄선해서

자주 쓰는 행주를 수납하는 곳은 알고 보니 빌트인 식기세척기. "식기세척기를 안 써서 행주수납에 이용해요." 행주는 3가지 종류로 나누어 쓴다. 빨간 선이 있는 리넨은 그릇닦기용, 도톰한 행주는 조리대닦기용, 와플지로 된 작은 것은 손닦기용. 매일 10장 이상 쓰고 빨아 이틀에 한 번 표백한다고 한다.

손닦기용   조리대용   식기용

쌓아놓지 않는 것이 철칙

냉장고 안의 1~2단은 늘 비워둔다. "촬영용 식재료를 넣거나 마리네이드 등을 식힐 때 쓰기 위해서죠." 일상적인 식사는 매일 제철 재료를 사와서 주방에 늘어놓고 즉흥적으로 메뉴를 생각해 만든다고. 맛있는 레시피는 그런 일상의 식사 속에서 탄생한다.

자주 쓰는 양념은 바구니에 넣어둔다. 몇 년 동안이나 이 방법을 유지하고 있다. 촬영 장소에도 이대로 가지고 갈 수 있어 편리하다고.

【 일상적인 식사 】

RECIPE

주키니 수제 파스타

재료 (2인분)

파스타
| 강력분 … 100g
| 계란 … 1개

주키니 … 1개
마늘 … 1/2쪽
올리브유 … 2~2.5큰술
소금, 후추 … 적당량

조리법

1 볼에 강력분과 계란을 넣고 매끄러워질 때까지 손으로 반죽한다. 반죽을 모아 랩을 씌우고 30분간 둔다.

2 주키니는 세로로 반을 가르고 얇게 반달썰기 한다. 냄비에 올리브유와 마늘을 넣고 약불에 볶다가 주키니를 넣고 가볍게 섞는다. 소금을 약간 뿌린 후 뚜껑을 덮고 가끔씩 저어가면서 10~12분 정도 익힌다.

3 작업대와 반죽이 들러붙지 않게 가루를 입히고(분량 외) 밀대로 반죽을 1㎜ 정도의 두께로 펴고, 한입 크기로 자른다.

4 냄비 가득 물을 끓이고 소금, 반죽을 넣어 5분간 익힌다. 도중에 면 삶는 물 2~3큰술을 2에 넣어 섞는다. 파스타가 다 익으면 2에 옮겨 넣고 소금, 후추로 간을 한다. 피클이 있으면 곁들여 먹는다.

채소 바냐 카우다*

재료 (만들기 쉬운 분량)

즐겨먹는 채소 … 적당량
소스
| 마늘 … 2쪽
| 앤초비 … 5~6장
| 올리브유 … 80㎖
| 굵게 간 흑후추 … 적당량

소스 만드는 법

작은 냄비에 마늘을 넣고 5~6분간 데친 후 수분을 제거하고 으깬다. 올리브유와 앤초비를 더해 잘게 으깨면서 걸쭉해질 때까지 약불에서 10~15분간 익힌다. 후추를 충분히 뿌려 마무리한다.

* 올리브유, 앤초비, 마늘을 넣은 소스를 뭉근히 끓여 다양한 제철 채소와 빵을 찍어 먹는 이탈리아 요리.

물이 끓는 동안 싱크대 주변을 싹 닦는다. 냄비를 들여다보면서 가스레인지를 닦는다. 유코 씨에게는 작업공간이고, 매일의 식사가 만들어지는 장소인 주방. 늘 깨끗하게 유지하는 것이 중요하다. "자꾸만 신경 쓰여서, 버릇이 되어버렸죠. 그래도 이 습관 덕에 대청소가 줄어서 편해요."
이 집에 산 것도 벌써 1년. 이사 때 그릇과 조리도구를 엄선하기도 했고 수납공간이 많은 주방이라 깔끔하고 청량감 있는 공간이 되었다.
구석구석까지 말끔히 닦인 주방과 척척 부지런히 움직이는 유코 씨의 모습에 푹 빠져 있는 동안 맛있는 수제 파스타가 완성되었다.

> "즐겁게 요리하고 싶어서
> 요리 중 물걸레질이
> 습관이 되었어요"
>
> — 와타나베 씨

Profile
세쓰 모드 세미나에서 일러스트를 배운 후 독립했다. 일러스트레이터로서 잡지, 책, 광고 등에서 폭넓게 활동하고 있으며 《이탈리아에서 있었던 일~여행에서 만난 맘마와 비노와 파시오네(슈에이샤)》 등 다수의 저서가 있다.

RECIPE

뿌리채소 듬뿍 수프와 꾸스꾸스

재료 (3~4인분)

양파 … 1개
당근 … 1개
연근 … 250g
토란 … 4개
우엉 … 1/2개
닭다리살 … 200g
마늘 … 1쪽
토마토캔 … 1/2캔(200g)
레드와인 … 1컵
올리브유 … 1/2큰술
커민 시드 … 1작은술
소금, 후추 … 적당량
꾸스꾸스 … 1컵(약 170g)

조리법

1 널찍한 내열용기에 꾸스꾸스를 넣고 끓는 물 1컵과 소금 한 자밤을 넣은 후 랩을 덮는다.
2 양파, 당근, 연근은 먹기 좋은 크기로 자른다. 토란은 먹기 좋은 크기로 잘라 소금을 넣고 주물러 점액질을 빼내고 물로 씻는다. 우엉은 칼등으로 껍질을 긁어내고 먹기 좋은 크기로 자른다. 닭고기는 지방을 제거한 후 한입크기로 자른다.
3 냄비에 올리브유와 으깬 마늘을 넣고 볶다가 양파를 넣고 투명해질 때까지 볶는다.
4 당근, 연근, 우엉, 커민 시드를 넣고 볶는다. 기름이 어느 정도 스며들면 닭고기, 토마토, 와인, 물 1컵을 넣고 중불에서 30분간 익힌다.
5 1의 꾸스꾸스를 쿠킹 시트를 깐 찜기에 넣고 15분간 찐다.
6 4에 토란을 넣고 15분간 익히다가 소금, 후추로 간을 한다. 5의 꾸스꾸스와 함께 그릇에 옮겨 담는다.

물건에 맞추어 설계한 수납

겹쳐 쌓으면 꺼내 쓰기 불편한 큰 접시는 서랍에 세워서 수납했다. 사이즈를 재서 만들었으니 딱 맞게 수납이 된다. 평소에 잘 쓰는 식기는 속이 얕은 선반에 진열해두어 한눈에 들어온다.

매일 주방에 서서 바라보는 풍경

집 맞은편에 공원이 있어 위치가 좋다. 주방에 서면 거실 너머로 푸른 하늘과 초록의 자연이 눈에 들어오도록 했다. "아침, 점심, 저녁. 매일같이 이 주방에 서니까 가장 소중한 풍경이죠."

요리사인 이지마 나미 씨로부터 받은 흙냄비. 밥맛이 확 달라지는 것을 보고 조리도구의 힘을 실감했다고.

지금까지 약 10번의 이사를 한 히라사와 씨. 짐을 정리하고 새로운 공간에 옮기는 작업을 반복하는 동안, 꼭 필요한 물건만 남고 쓰기 편한 수납법이 몸에 익었다고 한다. 집을 지어 들어온 지금, 주방은 그 경험을 집대성한 공간.
"큰 접시나 무거운 냄비도 넣고 꺼내기가 편하고, 요리할 때 불필요한 동작이 생기지 않아요. 안심하고 운전에 몰두할 수 있는 조종석처럼, 제겐 가장 편안한 공간이죠."
집은 건축가인 지인, 시모무라 준 씨가 설계했는데 주방만은 다른 인연이 있는 나카무라 요시후미 씨에게 부탁했다. 큰 식기와 조리도구의 사이즈를 적어달라고 해서 그것을 바탕으로 수납공간을 설계해주었다고.
"덕분에 친구들이 많이 모여도 막힘없이 척척 요리 준비를 할 수 있어요."
이렇게 말하며 요리하는 그 모습이 정말 즐거워 보였다.

> "물건 사이즈에 맞춘
> 수납이라 편리해요!
> 요리가 막힘이 없어요."
> —— 히라사와 씨

| Name | 야마사키 나나 씨 |
| Job | 〈얌마산업〉 대표, 디자이너 |

그릇과 예술이 동거하는 주방

"처음 그린 유화가 겹쳐 쌓아 올린 그릇이었어요. 어린 눈에도 그게 멋져 보였나 봐요."
야마사키 씨의 주방은 그 풍경을 닮았다고 한다. 식기장에 그릇이 한가득. 거기에 아끼는
예술작품을 더해 즐거운 공간으로 만들었다. 여기에서 요리하고 큰 접시에 옮겨 담아 가
족과 친구와 함께 먹으면 스트레스가 싹 사라진다고. 그녀에게는 귀한 시간이다.
이번에 만든 볶음밥은 원래 베이지색 그릇에 담았었다. 그런데 그녀가 갑자기 식기장으
로 향했다.
"역시 다른 그릇으로 바꿔야겠어요."
설거지거리가 늘어나는 것은 문제 되지 않는다. 요리에 맞는 그릇으로 즐겁게 먹고 싶다!
음식을 옮겨 담는 모습에서 그런 마음이 전해져왔다.

하사미 도자기인 페퍼 밀. 블랙,
화이트, 레드 등 다양한 후추를
원하는 분량만큼 섞어서 쓴다.

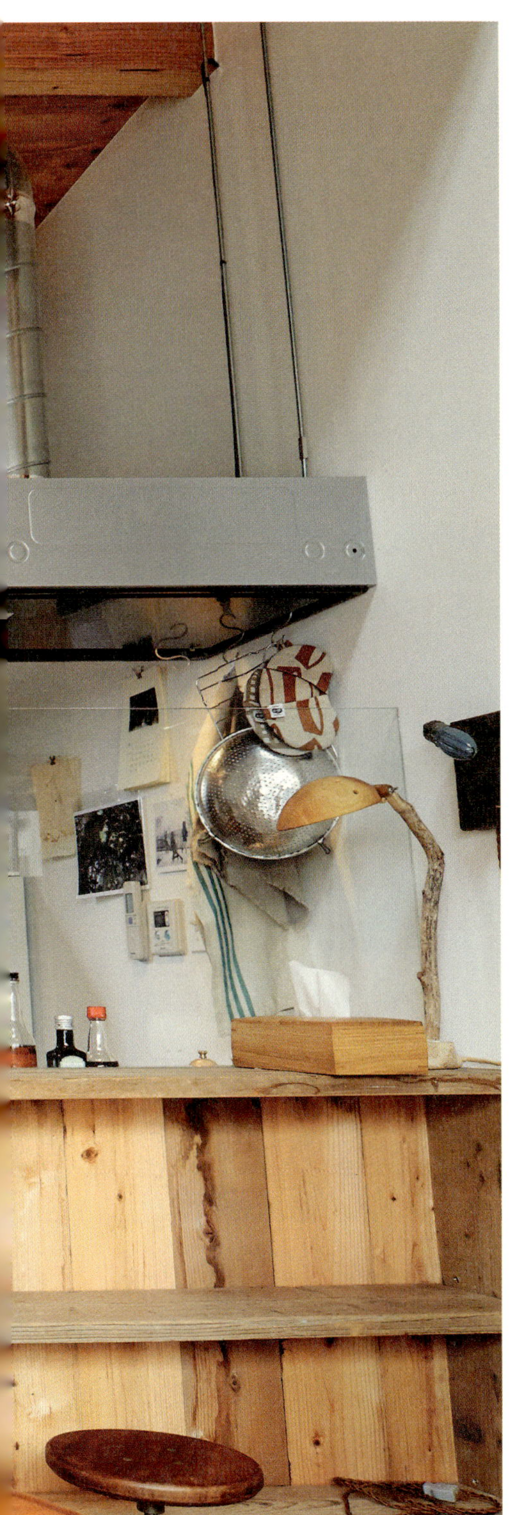

【 일상적인 식사 】

RECIPE

갓 볶음밥

재료 (1인분)

갓 절임 … 60g
계란(푼 것) … 1개
따뜻한 밥 … 2공기
식용유 … 1큰술
참기름 … 1/2큰술
소금, 후추 … 약간
간장 … 2큰술

조리법

1 갓 절임은 물기를 짜고 거칠게 다져놓는다.
2 프라이팬에 식용유와 참기름을 두르고 중불로 가열하여
  풀어놓은 계란을 넣고 살짝 볶아 덜어낸다.
3 2의 프라이팬에 1과 밥을 넣고 중불에서 볶는다.
  밥이 풀리기 시작하면 소금, 후추로 간을 한다.
4 2의 계란을 프라이팬에 다시 넣고 냄비 바닥 쪽으로
  간장을 흘려 넣어 잘 섞어 볶아준다.

큰 접시에 옮겨 담아
원하는 만큼 덜어 먹기!

"부모님과 살 때는 각자 한 그릇씩 따로 담아 먹
어서, 이렇게 큰 접시에 소담하게 담아내는 스
타일을 동경했었어요." 요리접시와 앞접시의
조합을 생각하는 동안 그릇이 점점 늘어났다.

존재감 있는 커다란 식기장

고가구점에서 구입한 것. 친구가 많이
와도 그릇이 모자라 난감한 적은 없었
다고. 작가 작품, 오래된 그릇 등 모두 구
분 없이 일상적인 식사에서 쓰고 있다.

그릇 옆에 예술작품이

와이어 선반 위에 작은 수납장을 올렸
고, 식기 옆에는 하리코 인형과 소품
을 진열했다. "작가의 생각이 표현된
것들이라 보는 것만으로도 즐거워요."

Name 사사키 가나코 씨
Job   요리 스타일리스트
한가득 조리도구에 둘러싸인 주방

Profile
20세에 인테리어 스타일리
스트의 조수가 되었고, 23세
에 독립했다. 요리에서 인테
리어까지 폭넓은 장르에서 활
동한다. 생활감을 중시하면서
도 시원스런 분위기의 스타일
링이 호평을 받고 있다.

RECIPE
쪽파 뱅어포 파스타

재료 (1인분)

스파게티 … 80g
쪽파 … 10줄기
뱅어포 … 1큰술
마늘 … 1쪽
올리브유 … 2큰술
소금, 후추 … 적당량

조리법

1 널찍한 냄비에 물을 넉넉히 끓인다. 쪽파는 밑동을 잘라버
　리고 4cm 길이로 썬다. 마늘은 반으로 잘라 식칼로 으깬다.
2 물이 끓으면 소금 1큰술을 넣고 스파게티를 넣어 포장비닐
　에 표기된 시간만큼 익힌다.
3 프라이팬에 올리브유와 마늘, 뱅어포를 넣고 약불에 볶는다.
　뱅어포가 바삭바삭해지면 쪽파를 넣고 살짝 볶는다.
4 다 삶아진 스파게티와 면 삶은 물 1~2큰술을 프라이팬에 넣
　고 섞다가 소금, 후추로 간을 한다.

취사용 냄비가 6개나

선반 위에 늘어선 다양한
냄비. 삶는 요리에 쓰는 것
은 물론, 취사전용 냄비도
여러 개 있다. "쫀득한 밥
이 되는 것도 있고 현미밥
이 맛있게 되는 냄비도 있
어요. 시험해보는 게 재미
있어서."

다량의 식기는 장르에 따라 나누어 잘 보이게

식기의 양에 맞추어 주문한
식기장. 칸마다 일식 그릇,
양식그릇, 유리 등에 따라
나누어서 꺼내 쓰기 편하
고 푸드 스타일링이 수월해
진다. "식기장 위에는 꼭 필
요한 것만 올려놔서 깔끔해
보여요."

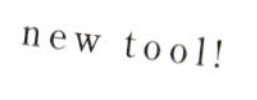

대만에서 구입해온 큰 찜통.
"보세요! 바닥 부분이 이렇게
성긴 그물망으로 짜여진 형태
는 드물어요." 커다란 조리도
구도 망설임 없이 사 들고 오
는 자세가 대단하다!

자주 쓰는 도구는 바로 손이 닿는 위치에

싱크대 앞에는 나무주걱 등을 세워
서 수납한다. 왼쪽에 있는 법랑 컵
은 사용 중인 도구를 일시적으로 넣
을 때 쓰는 것. "조리대에서 떨어뜨
릴 일이 없어요." 귀여운 초록색 법
랑 용기는 쓰레기통이다.

식기는 물론, 냄비, 볼, 나무주걱 같은 도구까지, 그 숫자에 눈이 휘둥그레진다. 일에 쓰이
는 것인가 했더니…….
"물론 촬영용 도구가 집에 있으면 안심이죠. 하지만 일하고 관계없이 호감이 가는 건 다
써보고 싶어요. 괜찮다는 이야기를 들으면 써보고 싶어지죠."
취사용 냄비만 6개나 되는 것은 그 탐구심의 결과다. 냄비뿐만이 아니라 도구들도 바로
꺼내어 쓸 수 있도록 보이는 장소에 수납했다. 큰 선반, 조리대 아래, 싱크대 아래, 모두
완전 개방상태다. 그래서 도구꽂이나 쓰레기통 관리에 더욱 신경 쓰게 되고, 디자인이 귀
여운 것을 선택한다고. 모든 것이 잘 보여 기분 좋게, 즐겁게 요리하는 모습이 전해져오
는 주방이다.

> "호감이 가는 도구는
> 써보지 않을 수 없어요.
> 보이는 수납으로 언제든
> 쓸 수 있게 해놓아요."
> —— 사사키 씨

틀에 박히지 않은
리폼으로 완성한
편리한 키친

요리연구가 **히다 가즈오** 씨

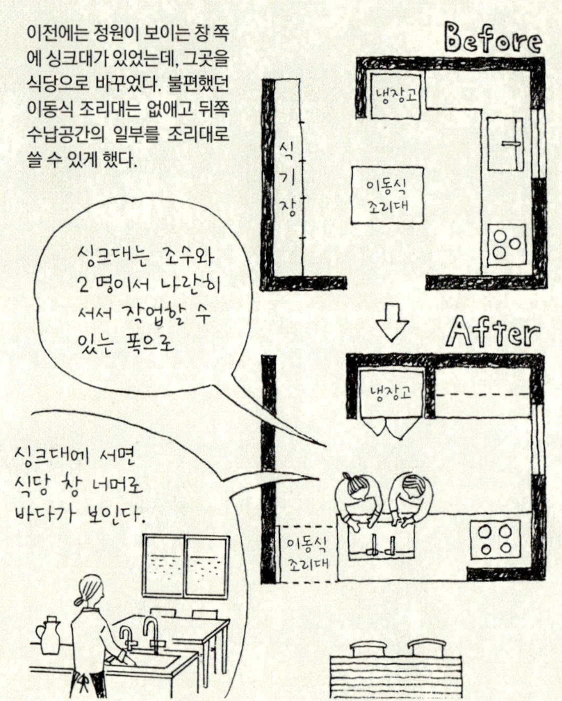

Kazuo Hida

1964년 도쿄 출생. 가나가와 현 거주 중. 발레리나, 회사원, 작가 등을 거쳤고 현재는 요리연구가로 활약하고 있다. 가족에 대한 사랑과 계절 감각을 소중하게 담은 그녀의 요리는 많은 사람들로부터 사랑받고 있다. 〈히다 가즈오의 반찬 스냅(주부의벗사)〉 외 요리책 다수를 저술했다.

요리연구가답지 않다고? 리폼의 계기

지금 사는 집은 3년 정도 전에 구입한 지은 지 8년 된 단독주택입니다. 거실과 식당에서 바다가 보이는 고지대에 있고, 이전에 살던 집도 이 근처였죠. 결혼 이후 쭉 아파트나 집을 임대해서 살았기 때문에 집을 가지게 된 것은 이번이 처음이었고, 그래서인지 나에게는 '이미 짜여진 집에 맞추어 사는 것'이 당연하게 느껴졌어요. 주방도 당연히 원래 모습 그대로 유지하며 쓰고 있었죠.

그런데 1년 정도 지나니 가스레인지가 고장 나고 환풍기 상태가 안 좋아지는 등 여기저기서 문제가 생기는 거예요. 원래 있던 이동식 조리대도 덜컹거리기 시작하면서 처음으로 리폼이란 걸 생각하게 되었어요. 되짚어보면 이 정도의 이유였죠(웃음).

'여기는 꼭 이렇게 바꾸고 싶어!'가 아니라 '망가졌으니까, 쓰기 불편하니까'라는 이유로 시작된 리폼. 그런 식이니 막상 건축 디자이너를 만나도 구체적인 요구를 하지 못하는 거예요(웃음). 이미지가 전혀 떠오르지 않았어요. 요리연구가라는 직업상, 필시 특별한 주방을 쓸 것이라고 생각할지 모르지만, 나의 기본적인 마인드는 '어디서든 요리를 할 수 있다'는 거였어요.

실제로 임대주택의 작은 주방에서도, 처음 가본 키친 스튜디오에서도 요리해왔으니 어떤 주방이든 상관이 없었죠.

그래서 막상 내 마음대로 할 수 있게 되니 난감한 거예요. '내가 생각하는 이상적인 주방은 어떤 거지?' 하고 새삼 고민해보는 계기가 되었어요.

공사 중의 불편한 환경도 신선한 경험이었어요

결국 디자이너에게 요구한 것은 바다를 향한 싱크대, 조리대는 약간 높고 가능한 한 넓게, 청소가 편하게, 대용량 수납이 가능하게. 이 정도였어요. 나도 이 소탈함에 놀랐을 정도(웃음). 특히 설비·기기 등에도 별 요구할 것이 없어서 가스레인지, 수도꼭지, 빌트인오븐, 냉장고까지 괜찮은 것으로 골라달라고 했어요. 오히려 디자이너분이 고생했을 거예요. 주방 디자인이나 색도 다 맡겨버리고 집에 어울리게만 해달라고 했어요. 단 하나, 식탁 쪽에서 보이는 조리대 옆면에 붙인 모자이크 타일은 쇼룸에서 보고 골라 어딘가에 써 달라고 부탁했죠. 친구

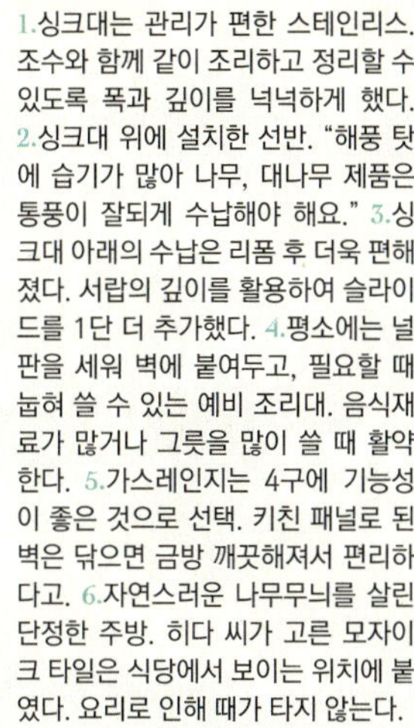

1.싱크대는 관리가 편한 스테인리스. 조수와 함께 같이 조리하고 정리할 수 있도록 폭과 깊이를 넉넉하게 했다. 2.싱크대 위에 설치한 선반. "해풍 탓에 습기가 많아 나무, 대나무 제품은 통풍이 잘되게 수납해야 해요." 3.싱크대 아래의 수납은 리폼 후 더욱 편해졌다. 서랍의 깊이를 활용하여 슬라이드를 1단 더 추가했다. 4.평소에는 널판을 세워 벽에 붙여두고, 필요할 때 눕혀 쓸 수 있는 예비 조리대. 음식재료가 많거나 그릇을 많이 쓸 때 활약한다. 5.가스레인지는 4구에 기능성이 좋은 것으로 선택. 키친 패널로 된 벽은 닦으면 금방 깨끗해져서 편리하다고. 6.자연스러운 나무무늬를 살린 단정한 주방. 히다 씨가 고른 모자이크 타일은 식당에서 보이는 위치에 붙였다. 요리로 인해 때가 타지 않는다.

생활에 정말 필요한 것을 꿰뚫어 보기

집에서 보고 귀엽다고 생각해서, 이참에 써보자 싶었어요. 디자이너가 "이런 걸 먼저 고르시는 분은 드물어요." 하면서 웃었지만, 심플한 주방에 포인트가 되고, 잘 골랐다고 생각해요.

부분 리폼이라 굳이 거처를 옮기지는 않고 공사 중에도 계속 이곳에서 지냈어요. 3~4일 안에 끝나는 일정이었는데 결국 1주일 정도가 걸렸고 그동안에는 주방을 못 썼어요. 난감하긴 하지만 나름 재미있기도 했고, 되돌아보면 색다른 경험이었죠. 가스레인지를 못 쓰니 휴대용 가스레인지로 요리를 하고 정원에서 풍로를 쓰기도 하고요. 딸 아이 도시락 준비에는 토스터와 전자레인지를 제대로 활용했죠. '가스레인지가 없어도 어떻게든 살 수 있다!'는 것을 발견했달까(웃음). 평소엔 굽던 것을 데쳐보기도 하고, 레시피의 폭이 넓어졌어요.

그 집에 살면서 공사하다 보니 문제를 바로 찾아낼 수 있는 것도 좋았어요. 미장으로 마무리하기로 한 벽인데 꽃무늬 벽지가 준비되어 있거나(!) 바닥 난방의 배선 위치가 잘못되어 있기도 하고. 바로 지적해서 고칠 수 있었죠. 완성 후에 재공사를 했다면 공사가 더 길어지고 힘들었을 거예요.

완성된 주방에 서 보고 느낀 것은 '세세한 부분에 구애받지 않길 잘했다!'였어요. 특히 수납공간이 대략적으로 짜여 있어서 살면서 내게 맞춰갈 수 있어 편해요. 사용감은 실제로 써보지 않으면 잘 모르고, 가지고 사는 물건이나 생활방식도 가족의 성장에 따라 변해가니까.

'여긴 이렇게 해야 편할 거야.' 하고 생각해서 너무 딱 맞게 만들어버리면 융통성이 없는 주방이 되어버려요.

그리고 원래의 주방을 그대로 써본 것도 잘한 일이에요. 실제로 써봐야 불편한 점을 고치고 편한 점은 재이용할 수 있어요. 집을 사자마자 리폼하려면 어쨌거나 상상에 의해서만 계획을 짜게 되니까. 이사해 오고 나서 공사하는 것도 쉬운 일은 아니지만 일단 한번 살아보고 그 경험을 살려 리폼을 계획해보는 게 어떨까요?

가구도 이사 전에 다 맞추어 사지 않고 일단 가지고 있는 것을 쓰면서 시간을 들여서 찾고 있어요. 괜찮은 게 없는지 늘 생각하고 있다가 '바로 이거!' 싶은 물건을 만났을 때 사는 것이 진짜 우리 집을 만들 수 있을 거라 생각해요.

쾌적함이 최우선!
키친 리폼하기

일상생활의 중심인 키친은 리폼 작업에서도 가장 중점을 두어야 하는 부분이다.
사용의 편리함과 외관의 멋스러움을 만족시키는 '쾌적함 최우선' 키친 리폼의 성공 사례를 취재했다.

| 아이치 현 | **아리타 사토코 씨**
텃밭 작업과 식사를 연결 짓는 식생활 교실 '코토나 노
라(http://kotona-nola.com)'를 운영하고 있다. 남편,
아들과 사는 3인 가족

넓이, 높이, 그리고 수납.
모든 것이 나에게 딱 맞는 키친!

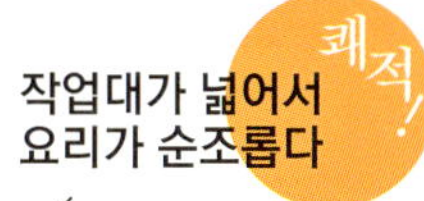

이곳은 독립형 키친이 있을 때 LD로 쓰였었다. 원래의 주방으로 이어졌던 공간.

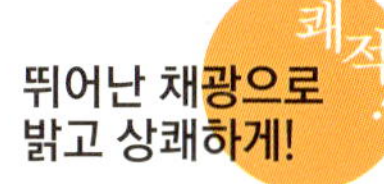

거실 쪽에는 서랍이 모여 있어 아기용품을 수납한다. "나중에는 의자를 놓고 카운터처럼 쓰려고요."

남향으로 큰 창을 낸 LDK는 흰색 회벽이라 한층 밝아 보인다. 작업대 옆에는 문이 달린 수납장과 장식 선반이 있다. 컴퓨터와 프린터도 깔끔하게 정리되도록 전용 공간을 마련했다.

영양관리사 및 식육 강사 자격을 보유하고 결혼 전부터 쭉 먹거리와 관련된 일을 해오고 있는 아리타 씨. 우메보시와 미소된장, 잼, 과실주 등 발효로 더 맛있어지는 보존식 만들기를 좋아한다.

"예전에 살던 집은 주방이 좁았는데, 이런 일을 하기도 하고 어쨌거나 넓고 쾌적하게 일할 수 있는 주방을 동경했어요."

환경이 좋은 지역에 전 주인이 아껴가며 살았을 듯한 분위기 좋은 집을 발견하고 리노베이션에 들어갔다. 〈아네스트원〉의 다키가와 준지 씨와 함께 쾌적한 주방 만들기에 돌입했다.

"식사를 만들고, 먹고, 휴식까지. 그게 하나의 공간에서 가능하고, 가족이나 손님이 와서 각자 다른 일을 하면서도 한곳에 모여 있을 수 있었으면 했어요."

이러한 바람대로 독립형 키친 공간은 식품저장실과 수납장으로 바꾸고, LD로 쓰이던 공간을 LDK로 변신시켰다. 식기와 조리도구를 넉넉히 수납하고 꺼내 쓰기 편하도록, 물건의 크기에 맞춘 선반과 서랍을 많이 만들었다. 스테인리스 작업대는 조리 중 식재료를 늘어놓고 친구와 함께 작업할 수 있을 만큼 크고 넓게 만들었다.

"모든 크기가 내 키와 나의 물건에 딱 맞아서 정말 편리해요. 요리할 맛이 나서 혼자 있을 때도 요리하는 것이 귀찮지 않아졌어요. 손님을 초대하기도 좋고, 같이 음식을 만든 후에 둥근 테이블에 모여앉아 시끌벅적 즐겁게 놀아요."

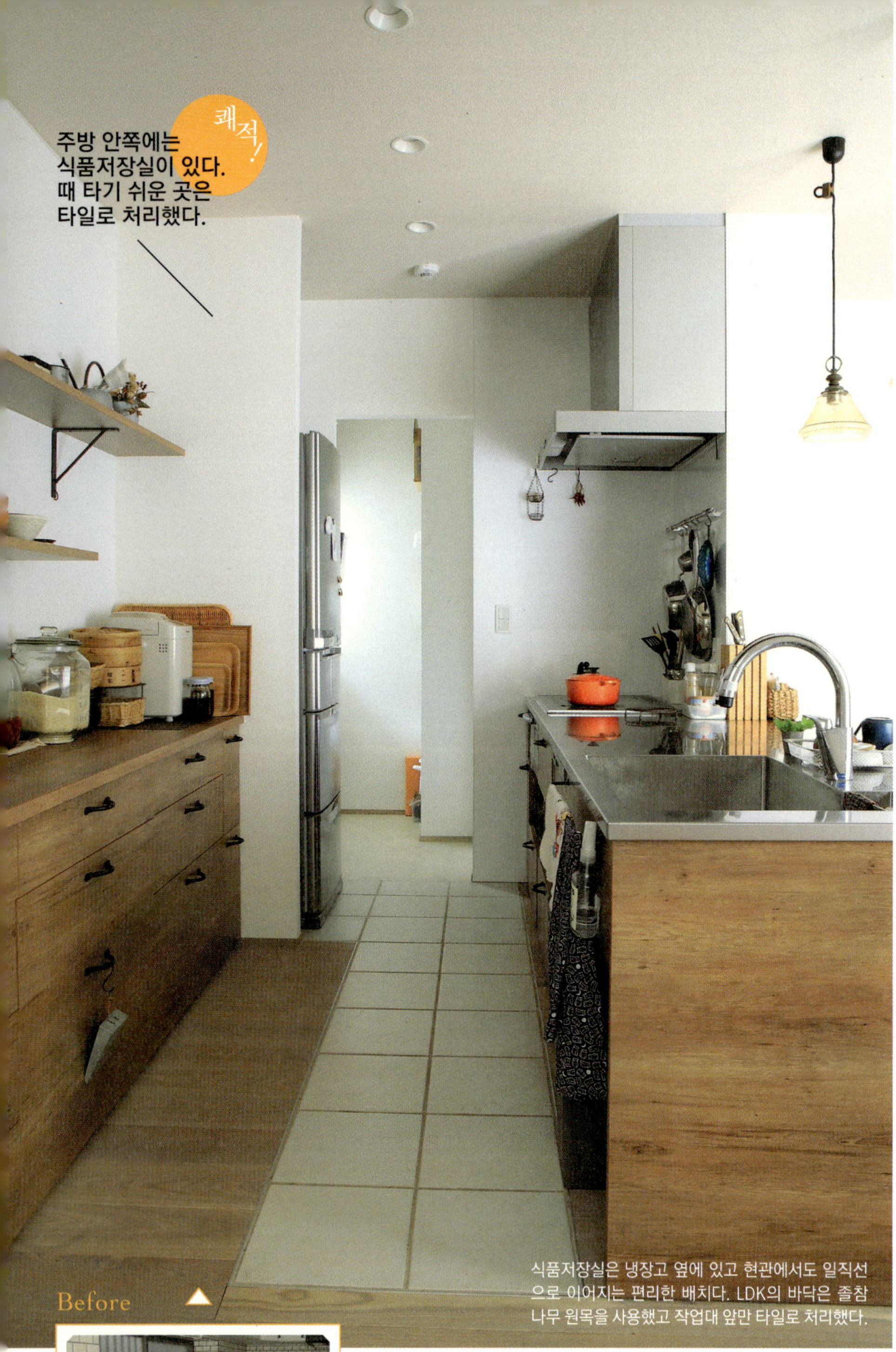
쾌적!
주방 안쪽에는
식품저장실이 있다.
때 타기 쉬운 곳은
타일로 처리했다.

식품저장실은 냉장고 옆에 있고 현관에서도 일직선으로 이어지는 편리한 배치다. LDK의 바닥은 졸참나무 원목을 사용했고 작업대 앞만 타일로 처리했다.

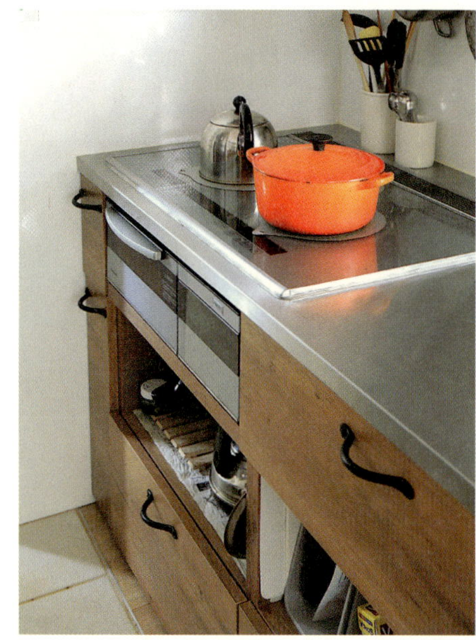

전기레인지 아래 열린 수납공간을 만들었다. "습기도 덜 차고 꺼내쓰기도 편해요."

Before

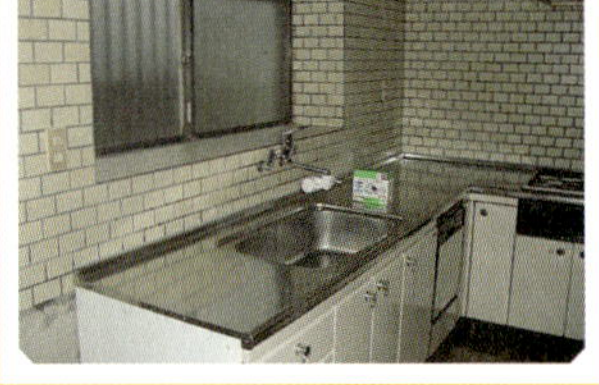

서쪽으로 작은 창이 난 어두운 주방. 이 장소를 식품저장실과 수납장으로 바꾸었다.

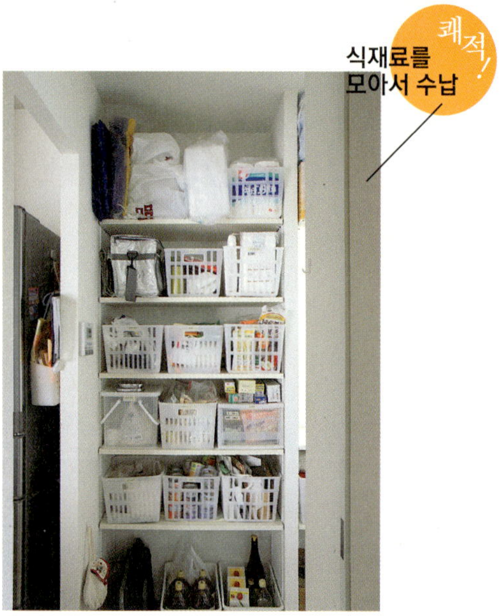
쾌적!
식재료를
모아서 수납

캔 등의 식료품 및 소모품을 보관하는 식품저장실의 선반. 종류별로 바구니에 넣어 꺼내쓰기 편하다.

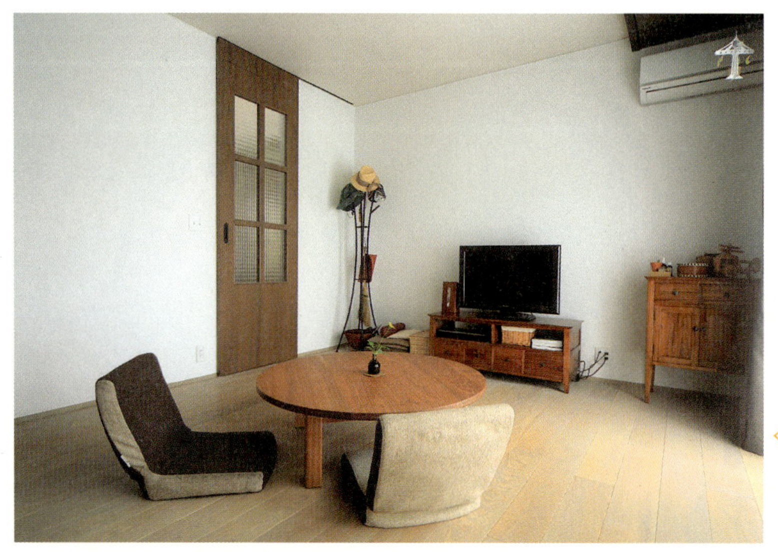

'좌식테이블을 두고 바닥 생활을 하고 싶었다.'라는 아리타 씨가 특히 아끼는 것은 〈퍼스트 핸드〉의 도호쿠산 호두나무 테이블. 온돌을 설치해서 나무가 휘는 것을 방지하기 위해 바닥은 3중 처리했다.

Before

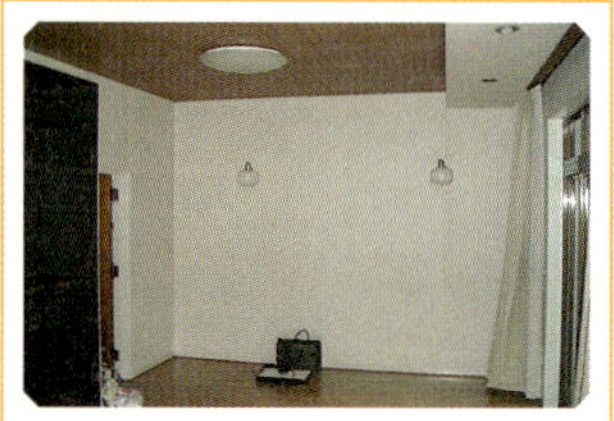

천장만큼이나 높고 검은 수납장이 압박감을 주었다.

복도였던 공간에 업무용 싱크대를 설치. 과자 등을 구워내는 전용 조리실이다.

등 뒤의 작업대에는 보존식, 선반에는 평소 쓰는 식기나 손님용 컵 등을 두었다. 하얀 문 너머에는 아리타 씨의 공방이라고 할 수 있는 조리실이 있다.

책이나 파일도 주방에 수납

주방에 두는 게 편한 요리책, 파일 등을 위해 전용 서랍을 설치했다.

그릇은 서랍 수납으로 꺼내기 쉽게

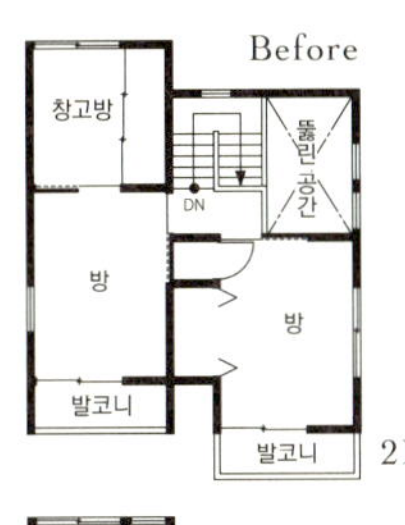

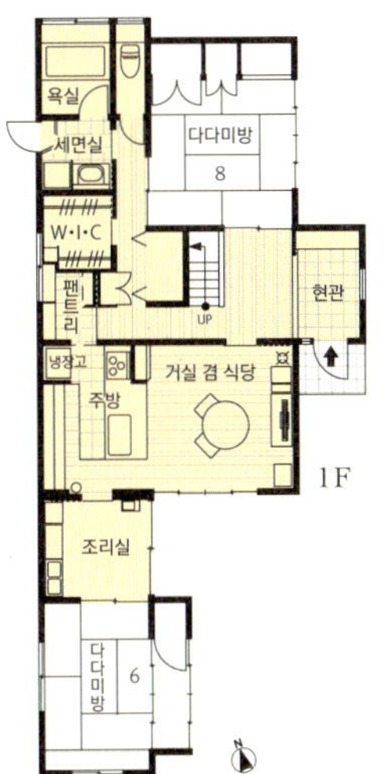

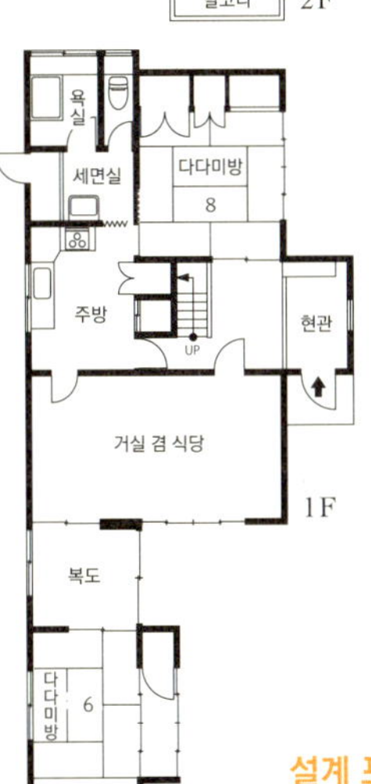

"식기는 꼭 서랍에 수납하고 싶었어요." 지진에 대비도 되고 한눈에 모든 그릇을 내려다볼 수 있어 편하다.

〈릭실(LIXIL)〉의 센서식 수도꼭지. "고기나 빵 반죽 등을 만지고 손을 씻을 때 정말 편리해요."

설계 포인트

아네스트원 **다키가와 준지 씨**

건설회사 설계부에서 일하다가 2009년 아네스트원에 입사. '집주인의 마음을 우선시하는 인테리어'를 모토로 심플한 공간 디자인에 힘쓰고 있다.

식기나 조리기구 등 어디에 무엇을 수납하고 싶은지 주의 깊게 이야기를 듣는다. 싱크대와 조리공간의 넓이, 크기도 시뮬레이션하여 최적의 크기를 계산해내는 등, 아리타 씨에게 맞는 쾌적함을 고민했다. 또 식기장과 장식장, 조명기구의 높이가 거실에서 어떻게 보이는지도 고려하여 설계했다.

가족구성	부부 + 자녀1
주거형태	목조 2층 주택
건축년수	35년
연면적	123.52㎡(37.36평)
리폼 면적	63.31㎡(19.24평)
리폼 부분	1층 중 다다미방과 계단을 제외한 공간
리폼 기간	2012년 6월~8월
리폼 설계	(주)아네스트원

☎ 052-777-2441 www.anestone.com

〈산와컴퍼니〉에서 구입한 심플한 세면대와 수도꼭지. 거울은 삼면경으로 사용할 수 있다.

가스레인지 오른쪽 작업대는 이케아 제품. 브랜드별 기성품과 현장제작품을 잘 조합한 믹스 코디네이트 키친.

적당한 개방감과 은은한 복고풍이 매력적인 부부의 키친

| 오사카 | S 씨

남편은 향신료까지 직접 갈아서 카레를 만드는 몰입형, 아내는 평소 먹는 한 끼를 능숙하게 차려내는 타입이다. 두 사람이 공통적으로 갖고 있던 이미지를 구현한 키친.

아내가 작업에 쓰는 컴퓨터를 주방 안에 두었다. 커다란 창문틀은 예전 다다미방에 있던 장지문을 재활용했다.

Before

원래는 다다미방. 가스배관이 있어 새 주방으로 낙점되었다.

주방에서 이어지는 발코니에는 화분을 두고 허브를 키운다. 바로 뜯어 와서 요리에 쓸 수 있다. 초록색이 눈을 편안하게 한다.

스테인리스 수납장. 철제 냄비받침이 있는 가스레인지, 노출되어 있는 덕트. 부부 모두 요리를 좋아한다는 S씨의 주방은 마치 레스토랑 셰프의 일터 같은 분위기를 풍긴다.

"사실 가정용 기기 중에서 업소용 분위기가 나는 것으로 골라 조합했어요. 업소용도 생각해보았는데 디자인이 집에 잘 안 어울리고, 가격도 비싸서 단념했죠."

S씨의 말이다. 덕트는 주방 위치를 옮기면서 환기 문제를 해결하기 위해 고민한 결과다. 비용절감을 위해 벽을 직접 칠했는데, 그래서 더 느낌이 좋다. 바닥의 타일도 직접 붙이고 마감했다.

철근 콘크리트 골조의 연립주택을 리모델링한 S씨 부부. 원래의 바람은 아일랜드 키친이었지만 구조적으로 문제가 있었다. 우여곡절 끝에 다다미방을 주방으로 변신시켰다. LD와의 사이에 철거할 수 없는 구조벽이 있는데, 이것이 딱 좋게 공간을 분할하여 주방에서는 작업에 집중하고, LD에서는 느긋이 쉴 수 있는 분위기가 되었다. 또한 주방에서 LD를 바라다볼 수 있는 개방감도 있는, 결과적으로 딱 좋은 구조가 되었다. 주방에는 직접 선반을 설치하여 저장실을 만들었다. 현관에서 저장실을 거쳐 바로 주방에 직행할 수 있는 동선이 편리하다. 투박한 인상의 가스레인지 위에는 할머니로부터 물려받은 복고풍 주전자를 올려놓고 사용한다. 낡은 것을 소중히 하는 두 사람의 마음가짐이 드러나서 기능성 속에서도 향수를 느낄 수 있는 주방이 되었다.

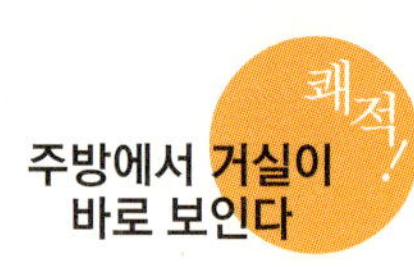

주방에서 거실이 바로 보인다

요리가 술술 잘 될 듯한 〈하만(HARMAN)〉의 가스레인지. 쇼와시대의 모던 스타일 주전자.

바닥은 심혈을 기울여 고른 헤링본. 구조벽이 공간을 알맞게 분할한다. 식탁은 아내의 할머니로부터 물려받은 것

주방의 컴퓨터책상은 상차림용 작업대로도 쓸 수 있어 편리하다. 주방 벽은 내열성 도료를, 바닥 타일은 아크릴 수지로 직접 시공했다.

공장 등에서 쓰이는 방폭(防爆) 조명*을 설치. 푸른빛의 가로로 긴 타일에도 은근한 복고풍 감성이 스며있다.

* 가스폭발 위험이 있는 장소에서 안전하게 사용할 수 있는 조명기구.

내구성을 고려하여 철근콘크리트 구조의 주택으로 골랐다.

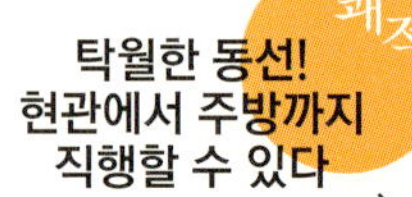

탁월한 동선! 현관에서 주방까지 직행할 수 있다

열린 수납으로 아끼는 그릇을 마주할 때마다 기분이 좋다

화장실을 이동하고 벽을 철거하여 현관에서 주방으로 바로 갈 수 있는 동선이 확보되었다.

저장실을 지나 주방으로. 장 봐온 식재료를 바로 정리할 수 있어 편하다.

저장실에 직접 설치한 선반. 열린 수납이라 한눈에 들어오고 꺼내쓰기 편하다. 아내가 직접 만든 그릇도 있다.

화이트+스테인리스로 맞춘 가사실은 잡지에서 본 이미지를 재현한 것. 밝고 청결감이 넘친다. 이 벽도 직접 칠했다.

세탁물을 말리고 걷고 정리하는 동선도 매끄럽다. 널찍한 공간에 화장실이 같이 있다.

벽 쪽에 붙인 책상은 남편이 결혼 전부터 쓰던 것. 거실문은 기존의 것에 페인트칠만 다시 했다. 바닥에는 온돌을 설치했다.

거실과 가사실도 일직선!

Before

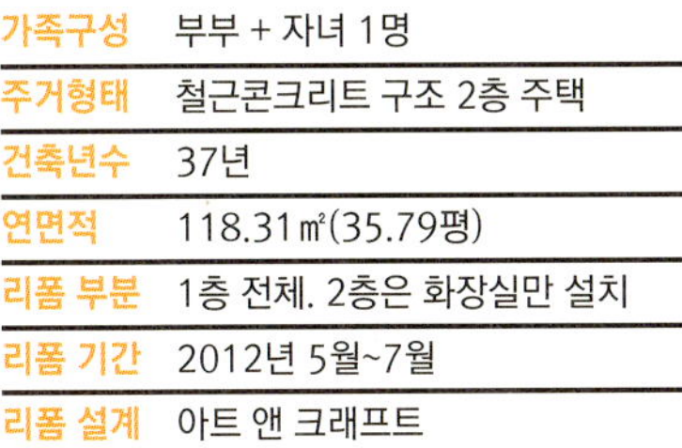

원래는 주방이었던 자리. 좁고 따로 분리되어 있는 것이 불만이었다.

가족구성	부부 + 자녀 1명
주거형태	철근콘크리트 구조 2층 주택
건축년수	37년
연면적	118.31㎡(35.79평)
리폼 부분	1층 전체. 2층은 화장실만 설치
리폼 기간	2012년 5월~7월
리폼 설계	아트 앤 크래프트

☎ 06-6443-1350　www.a-crafts.co.jp

설계 포인트

아트 앤 크래프트 **나카무라 미호** 씨

일급건축사, 택지건물거래 담당. 2001년 입사. 물건 탐색부터 융자, 설계 상담, 비용과 일정관리 등 다양한 업무를 담당하고 있다.

철근콘크리트 구조로, 수도를 옮기는 것이 대단히 힘들었다. 게다가 연립식 집합주택이라 배수 등 규약을 준수하면서 주방을 대이동 시켜야 했다. 주방은 당사의 셀렉트형 시스템 토라(TOLA)의 제품. 부착식인 식기세척기는 기술력을 최대한 발휘하여 깔끔하게 설치했다.

1.통로를 겸하는 주방이라 널찍하다. "예쁘면 청소도 더 하고 싶으니까 평소 꿈꾸었던 타일로 꾸몄어요." 2.약간 높은 식탁과 소파를 조합하여 식당과 거실을 겸할 수 있게 했다. 친구들이 오면 느긋하게 함께 즐기는 공간. 소파와 암체어는 〈트럭(TRUCK)〉, 테이블은 〈후아이소(無相創)〉 제품 3.직접 담근 과실주.

THE IDEA KITCHEN OF A SMALL HOUSE!

작은 집의 아이디어 키친!

집이 좁아 생활을 즐길 수 없다는 것은 오해!
아이디어로 충실한 키친라이프를 즐기고 있는 부부 두 쌍을 소개합니다.

1.조리도구는 바구니나 병을 이용해 한곳에 정리한다. 2.귀여운 디자인의 체는 식기건조대로 쓰기도 한다. 디자인을 엄선하면 꺼내놓고 써도 포인트가 된다. 3.밥도 냄비로 짓고, 냄비는 최소한만 보유한다. 맨 앞에 있는 〈단스크(DANSK)〉의 미니 냄비는 미소된장국 전용. "딱 2인분 사이즈에요."

아끼는 물건만 있으면 돼요

"도심인데도 왠지 모르게 느긋한 분위기의 상점가와 주변 환경이 마음에 들어서, 찾던 것보단 작은 집이었지만 딱 결정해버렸죠."
K씨의 말이다. 약 38㎡ 라는 것이 믿어지지 않을 정도로 느긋하고 센스 넘치는 공간이다.
"친구들이 모이는 일도 꽤 많고, 소품도 좋아하고 토끼와 잉꼬도 키우고 있긴 하지만……(웃음), 필요 없는 건 갖지 않으려고 의식하며 기분 좋게 살고 있습니다."
"아끼는 물건만 보며 살고 싶어요." 물건을 신중하게 고르게 되면서 이런 히토미 씨의 바람도 자연스레 이루어졌다.

한정된 공간에서 쾌적하게 살기 위해 두 사람이 생각해낸 것은 '겸용 공간'이다. 식탁과 소파를 같이 두어 거실과 식당을 겸하고, 주방과 복도를 겸해 넓은 공간을 확보했다.
또 압박감을 주는 수납 가구는 피하고 채소 박스 등을 활용했다. 유연하게 쓸 수 있어 공간 활용에 좋다고.
그 외에도 동네 슈퍼를 식품저장실 대신으로 생각하고, 역 건물 옥상에 있는 채소밭을 빌려 채소 키우는 일을 즐기는 등, 생활의 일부를 아웃소싱 함으로써 작은 공간에 충실한 생활을 만끽하고 있다.

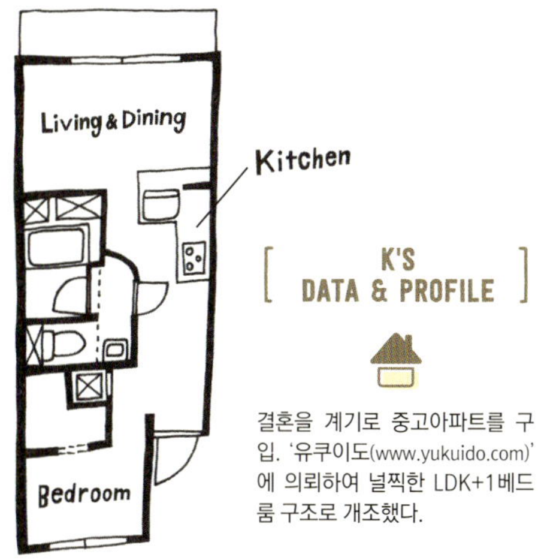

[K'S
DATA & PROFILE]

결혼을 계기로 중고아파트를 구입. '유쿠이도(www.yukuido.com)' 에 의뢰하여 널찍한 LDK+1베드룸 구조로 개조했다.

1.거실 한편에 큰 거울을 두어 착시효과로 공간이 넓어 보이도록 했다. 존재감 있는 모로코 앤티크 러그로 강약을 주었다. 2.3.키친 카운터 아래에는 거실 용품도 수납한다. 상부 장은 문이 없는 열린 선반으로 설치하여 답답하지 않게 했다. 보이는 수납으로 카페 같은 분위기를 연출했다.

콘크리트 벽에 키친 툴이 늘어선, 전문가
느낌 물씬 나는 키친. 높게 단 선반은 걸리
적거리지 않으면서 수납력이 뛰어나다.

CASE 02 : 도쿄 · 다카하시 씨

작업대로 활약하는
기능적인 식탁

LIVE IN	STATUS	SIZE
2인 가족	아파트	43.25㎡

장래를 내다보며 작은 공간도 긍정적으로 활용

"미래의 생활방식까지 내다보고, 전략적으로 작은 집에 살고 있어요(웃음)."
이렇게 말하는 다카하시 씨.
건축가인 다카하시 씨와 디자이너인 에리 씨. 일로 바쁘게 사는 두 사람
에게 통근에 편리한 '도심역세권'은 집 선정의 절대조건이었다.
"아이가 생겨서 비좁아지면 이사하려고 계획하고 있어요. 그렇게 생각하
니 어중간한 크기보다는 40㎡ 정도가 바꿔 쓰기도 쉽고, 일부러 작은 집
을 골랐죠!"
명확한 장래 비전에 따라 생활하는, 본받고 싶은 주거 감각이다.

1.거실벽에 판자를 붙여 바닷가 오두막 분위기로. 열린 선반, 벽의 판자, TV장의 가로선으로 확장감을 주었다. 팽창해 보이는 경계선의 착시효과도 잘 활용했다.
2.냉장고는 에리 씨가 10년 이상 잘 쓰고 있는 〈윌(Will)〉. 레트로 디자인이 마음에 든다.

COMPACT KITCHEN'S *idea*

[TAKAHASHI'S DATA & PROFILE]

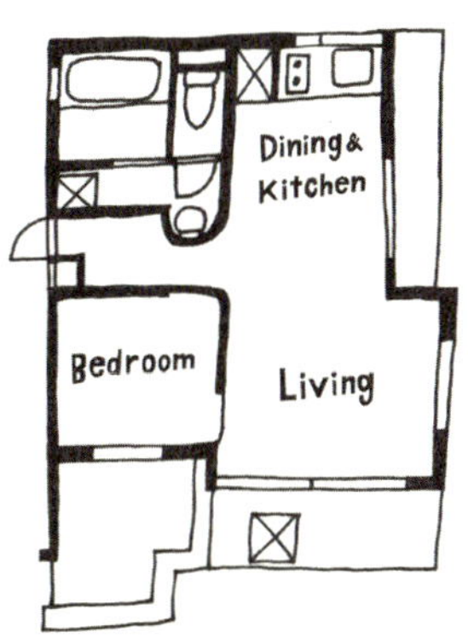

LDK + 침실 + 발코니로 구성. 결혼을 계기로 건축 30년 된 아파트를 구입하고 '유쿠이도(www.yukuido.com)'에 의뢰하여 개조했다.

"좁아도 쾌적하도록, 발코니는 넓고 창밖이 시원한 곳으로 선택했습니다. 실내의 바닥과 색에 맞추어서 밖으로 연결되는 듯한 개방감을 주고자 했어요."
발코니 3곳에는 우드데크를 직접 시공했다. 가장 큰 발코니와 연결되는 거실 벽에는 나무판을 대어 바닷가 오두막 느낌을 더했다. 그 외에도 문을 없애 공간을 효과적으로 쓰고 선반을 높게 다는 등 작지만 쾌적한 공간을 위한 아이디어가 가득한 집이다.

1.창을 둘러싸듯 나무틀을 붙여 선반으로 활용. 작은 아이디어로 생활이 편리하고 멋스러워진다. 2.식탁은 집 개조를 의뢰했던 〈유쿠이도〉의 오리지널 제품. 널판 사이 틈에 물건을 수납할 수 있고 서랍처럼 꺼내 쓸 수 있는 보조 테이블도 있어 기능성 만점이다. 3.식기는 선반에 올라갈 만큼만 소유하기.

주방 선정과 플래닝의 비결

주방은 매일 가족의 풍성한 식탁을 책임지는 소중한 장소.
기능성과 사용감, 디자인 등 다양한 바람이 형태로 나타나는 곳이다.
그래서 알아둬야 하는 기초지식과 최근의 동향을 소개한다.

Part 1

계획 세우기

이제 주방에도 인테리어가!

"보여주는"

오픈 타입이 대인기!

그렇지만…

알아두어야 할 단점

냄새나 소리가 LD로 새어나가기 쉽고, 정리가 서툴면 싱크대 안에 설거짓거리가 쌓여있는 등 지저분한 모습이 바로 노출된다는 단점이 있다. 하지만 성능 좋은 레인지후드나 대용량 식기세척기, 고효율 수납 등으로 어느 정도 단점을 해소할 수 있는 기기도 등장하고 있다. 포기하기 전에 한 번 고민해보자.

오픈 키친이 늘고 주방이 가구화 된다!

벽으로 둘러싸인 독립형 주방 대신, 작업대로 구분하는 오픈 타입 키친이 육아 가정을 중심으로 인기를 얻고 있다. 이 타입은 한정된 면적에서도 시원한 연출이 가능하고 아이를 바로 볼 수 있다는 장점이 있다.

게다가 최근에는 일러스트와 같은 아일랜드 카운터가 특히 주목받는다. 온 가족이 함께 요리를 즐기고, 작업대를 둘러싼 동선으로 효율이 높아진다.

이런 오픈키친이 일반화되면서 조리 작업의 편리함에 더해 LD와의 조화도 중시되는 경향이다. 주방의 '가구화'가 확실히 진행되면서 각 브랜드도 다양한 소재와 형태를 제안하고 있다. 디자인이 뛰어난 다양한 주방을 고를 수 있게 된 지금, 주방을 인테리어의 일부로 생각하고 계획을 세워 보는 건 어떨까.

Column

알아두면 좋은 주방 용어

주방의 4가지 주요 형태. 벽과의 배치는 3가지 형태가 있다. 이를 조합하여 레이아웃을 결정한다.

주방의 형태			

I형 (일자형)	II형 (병렬형)	L형 (ㄱ자형)	U형 (ㄷ자형)

벽과의 배치		
붙박이형	아일랜드형	반도형 (페닌슐라형)

풀 오픈에서 세미 오픈까지 다양하게

작업대를 설치하는 타입은 벽에서 독립된 '아일랜드형'과 카운터의 한쪽 면을 벽에 붙인 '반도형'이 있다. 주방이 그대로 보이는 게 싫다면 작업대 앞쪽에 20~30cm의 턱을 설치하거나 가스레인지나 렌지 후드 부분에 돌출벽을 설치하는 '세미오픈 타입'을 추천한다.
싱크대를 완전히 벽에 붙인 '붙박이 오픈 타입'은 공간을 가장 적게 차지한다.

붙박이 오픈 타입

〈장점〉 식탁을 작업대 대신 배치하면 작은 공간에서 DK를 해결할 수 있다. 상차림의 동선도 다른 형태보다 효율적이다.

〈단점〉 식탁에서 주방이 바로 보이므로 정리가 잘 되어있지 않으면 식사 분위기가 어수선해진다. LD에 있는 사람과 대화할 때 일일이 돌아봐야 한다.

반도 타입

〈장점〉 개방감 있고, LD에 있는 사람과 의사소통이 매끄럽다. 작업대 전체를 벽에서 떼어낸 아일랜드형보다 공간을 절약하여 카운터를 만들 수 있다.

〈단점〉 냄새와 연기, 소리 등이 LD로 새어나가고 요리하는 손이 그대로 드러난다. 작업대 한쪽이 벽에 붙어 있어 식탁으로 가는 동선이 길다.

세미 오픈 타입

〈장점〉 작업대 앞을 가리는 턱이나 돌출벽을 설치하거나 문이 달린 상부 장을 설치하기도 한다. 주방이 그대로 드러나지 않으면서도 LD에 있는 사람과 대화할 수 있다.

〈단점〉 오픈 타입에 비해 조금 답답하다. 상을 차릴 때 작업대를 돌아 나와야 하므로 동선이 길다.

클로즈 타입도 여전히 인기!

기능성을 높이고 요리에 집중할 수 있다

벽이나 창문 등으로 구분 지어진 닫힌 주방은 가사 경험이 많은 사람, 차분히 요리하길 좋아하는 사람들에게 여전히 인기가 높다. 벽으로 둘러싸여 있어 냄새와 소리가 잘 새지 않고, 다소 어수선해도 잘 드러나지 않으므로 충분히 실력 발휘를 할 수 있기 때문이다. 벽 면적이 넓어지는 만큼 수납공간도 많아진다. 자주 쓰는 작은 물건은 손이 바로 닿는 벽에 파이프를 설치하여 걸어두면 요리의 효율이 높아진다. 출입구를 식당 쪽으로 내면 음식을 내기에 편하다.

〈장점〉 냄새와 연기, 소리가 다른 방에 새어나가지 않아 다소 어질러져 있어도 신경 쓰지 않고 요리에 집중할 수 있다. 벽이 많아서 수납공간을 충분히 확보할 수 있다.

〈단점〉 식당까지 동선이 길어지기 쉽고, 상차림과 정리가 불편하다. 요리하는 사람은 가족과 동떨어져 있어 의사소통이 어렵다.

Column

냉장고의 크기와 공간에 주의

최근 냉장고 용량이 커지고 디자인도 다양해지고 있다. 냉장고의 양옆에 몇 cm를 비워야 할지 카탈로그에서 꼭 확인하자. 설치 장소의 공간이 아슬아슬하면 문이 다 열리지 않을 수 있다.

스테인리스
사진은 일반적인 타입보다 때가 덜 타고 상처가 덜 눈에 띄는 '바이브레이션 스테인리스'를 사용한 싱크대.

타일
내추럴한 분위기를 연출할 때 인기가 높은 소재. 타일이 빠지거나 줄눈이 때 탈 수 있는 단점이 있다.

인조대리석
청량감 넘치는 화이트 외에도 색이 다양하다. 모양, 질감도 천연석조, 콘크리트 등 다양한 느낌이 출시되어 있다.

쿼츠
일반적인 크기라면 연결부위 없이 상판을 올릴 수 있다. 때가 잘 타지 않고 색감이 풍부하며 이점이 많다.

소재도 인테리어 감각으로 고르자!

색과 무늬가 다양해지고 주목받는 소재가 등장했다. 얇은 두께가 멋스럽다.

열과 물에 강해 스트레스 없이 쓸 수 있는 것이 스테인리스. 인조대리석은 오픈키친이 유행하면서 색과 무늬가 놀랄 만큼 풍부해졌다. 또 최근 주목받고 있는 것은 쿼츠(석영). 열과 물에 강하고, 자연소재 특유의 아름다움을 갖춘 팔방미인이다. 소재 종류와 상관없이 두께는 예전보다 얇게 1~2cm로 하면 LD에서 봐도 산뜻하고 가벼워 보인다.

천연목판
사진은 월넛 천연목판. 이 외에도 다양한 종류의 나무가 있다. 원목보다 뒤틀림이 적다는 이점이 있다.

멜라민 화장판
→ 사진처럼 어두운 컬러 외에도 색이 풍부하다. 나뭇결이나 대리석 무늬 등도 있다. 튼튼해서 관리가 편한 소재.

우레탄 도장
→ 개인의 취향, 인테리어 분위기에 맞추어 색과 광택을 자유롭게 조절할 수 있다.

스테인리스
→ 스테인리스로 문과 서랍을 만들면 스타일리시해 보이지만 가공 때문에 꽤 비싸다.

Column

기성품과 주문제작 키친의 차이는?

기성품은 레이아웃이나 소재가 한정되어 있고 그중에서 고르기 때문에 계획단계가 비교적 순조롭다. 주방기기는 각 브랜드별로 고성능 제품이 많이 출시되어 있다. 주문제작의 경우 집의 크기와 형태에 맞추어 자유롭게 배치할 수 있다. 소재와 주방기구에 대해서도 선택의 폭이 넓다. 주문제작이 기성품보다 비싸기는 하지만 기성품도 여러 가지 옵션을 추가하다 보면 더 비싸지기도 한다. 또한 주문제작은 주방과 LD의 가구를 전체적으로 코디하기가 편하다.

원목
원목은 점차 색이 변화하지만 자연소재 특유의 맛이 있다. 사진은 졸참나무 원목.

소재의 눈부신 진화로 비용을 절감한다

나뭇결의 문을 원하면 천연목 외에도 얇은 슬라이스 천연목을 합판 위에 붙인 천연목판을 선택할 수 있다. 멜라민 화장판은 최근 색과 무늬가 다양하게 출시되고 있어 천연목과 구분이 가지 않을 정도로 정교한 무늬도 등장했다. 강도가 높고 천연목보다 저렴하여 저비용으로 내추럴 키친을 만들고 싶은 사람에게 추천한다. 우레탄 도장 소재는 색과 광택감을 자유롭게 조절할 수 있다. 소재를 통일하지 않고 일부만 나무무늬로 하는 등 믹스매치도 멋스럽다.

MAKER & SHOWROOM GUIDE

실제 사례로 보는
멋진 설비 & 메이커 가이드

이 책에서 소개된 다양한 모습의 매력적인 주거공간,
그곳에 쓰인 멋진 설비의 실제 사진과 메이커를 공개한다.
누구나 알고 있는 유명브랜드부터 아는 사람만 아는 엄선된 메이커까지 다양하다.

KITCHEN

시스템 키친에서 주문제작 키친까지.
레인지 후드, 싱크대 등 각 부분의 소재와
디자인이 다채롭다.

〈이케아〉에서 하나씩 골라 조합한 키친. 모르타르로 마감한 바닥재는 설계를 담당한 〈구라스(KURASU)〉에서 제안한 것. 벽에 붙인 육각 타일은 이미지만 전달하여 〈구라스〉에서 구해준 것.(가나가와 현 U씨네 집, 설계 및 시공/KURASU)

〈샤도네이〉의 '돌치 시리즈'의 테이블과 싱크대를 일렬로 배치하여 상차림과 뒷정리가 편리하도록 한 DK.(기후현 M씨네 집, 제작/샤도네이홈)

MAKER & SHOWROOM LIST

산와컴퍼니 www.sanwacompany.co.jp
도쿄 쇼룸 / 도쿄도 미나토구 미나미아오야마 4-18-16 포레스트힐즈 WEST WING B1F / ☎ 03-5775-4763 / 영업시간 :10:00~18:00 / 휴무일 : 여름휴가, 연말연시 / 가까운 역 : 도쿄 메트로, 도에이지하철 오모테산도 역에서 도보 5분 / ※ 이 외에 오사카, 나고야, 후쿠오카에도 쇼룸이 있음.

이케아 www.ikea.com
IKEA 후나바시 / 지바현 후나바시시 하마정 2-3-30 / ☎ 0570-01-3900 (고객지원센터) / 영업시간 10:00~18:00(토, 일, 공휴일은 9:00~), 연중무휴(1/1 제외) / 가까운 역 : JR 미나미후나바시 역에서 바로, 게이세이전철 후나바시경마장 역에서 도보 15분 / ※ 이 외에 고호쿠(가나가와), 신미사토(사이타마), 고베(효고), 쓰루하마(오사카), 후쿠오카 신구(후쿠오카), 다치가와(도쿄), 센다이(미야기)에 점포가 있음.

그로헤 www.grohe.co.jp
그로헤 재팬 미나미아오야마 쇼룸 / 도쿄도 미나토구 미나미아오야마 6-12-1 / ☎ 03-5778-3206 / 영업시간 10:30~18:00 / 휴무일 : 월요일, 연말연시 / 가까운 역 : 지하철 긴자선, 치요다선, 한조몬선의 오모테산도 역에서 도보 10분

COMO www.colorsink.co.jp
☎ 052-629-7311
※ 쇼룸은 없음. 홈페이지에서 카탈로그를 신청할 수 있음.

후지코교 www.fjic.co.jp
후지코교 그룹 오사카 쇼룸 / 오사카부 오사카시 주오구 미나미센바 2-1-3, 피닉스 미나미센바 1F / ☎ 06-6265-2151 / 영업시간 10:00~18:00 / 휴무일 : 일요일, 월요일, 공휴일, 골든위크, 여름휴가, 연말연시 / 가까운 역 : 지하철 나가호리바시 역에서 도보 2분, 사카이스지혼마치 역에서 도보 5분

샤도네이 www.chardonnay.co.jp/kitchen
샤도네이 기후본점 / 기후현 기후시 스고 8-2-10 / ☎ 0120-981-570 / 영업시간 10:00~18:00 / 휴무일 : 화요일(공휴일일 경우에는 영업) / 가까운 역 : JR 기후 역에서 차로 약 20분 / ※ 이 외에 전국 22개 점포가 있음.

나중에 제과 클래스를 운영하려고 하는 아내가 엄선한 주문제작 키친.(오사카 K씨네 집, 설계/러브디자인홈즈)

〈이낙스(현, LIXIL)〉의 25mm 사각타일을 바른, 꿈꾸던 내추럴 키친.(기후현 H씨네 집, 연출/샤도네이 홈)

SINK
〈코모〉의 오리지널 싱크대

오븐과 식기건조기 등 중요한 설비는 집주인이 별도로 조달해서 비용을 조정했다.(미에현 가타야마 씨네, 설계/아틀리에 SORA)

〈토토(TOTO)〉의 모자이크타일을 벽과 싱크대 상판에 바른, 따뜻함이 느껴지는 키친.(도쿄 I씨네 집, 디자인 및 연출/Boo-Hoo-Woo.com)

MAKER & SHOWROOM LIST

아리아피나 www.ariafina.jp

후지코교 그룹 오사카 쇼룸 / 오사카부 오사카시 주오구 미나미센바 2-1-3, 피닉스 미나미센바 1F / ☎ 06-6265-2151 / 영업시간 10:00~18:00 / 휴무일 : 일요일, 월요일, 공휴일, 골든위크, 여름휴가, 연말연시 / 가까운 역 : 지하철 나가호리바시 역에서 도보 2분, 사카이스지혼마치 역에서 도보 5분

AEG(아에게) www.aeg-electrolux.jp

쇼룸 / 도쿄도 미나토구 시바코엔 2-4-1, 시바파크빌딩 A관 6F / ☎ 03-6743-3070 / 영업시간 09:00~17:30(예약제) / 휴무일 : 일요일, 공휴일 / 가까운 역 : JR하마마쓰초 역에서 도보 5분, 도에이지하철 다이몬 역, 시바코엔 역에서 도보 3분

KOBE STYLE KITCHEN www.kobe-style.co.jp

쇼룸 / 효고현 고베시 히가시나다구 고요초나카 6-9, 롯코 아일랜드 고베 패션마트 1F / ☎ 078-857-8424 / 영업시간 10:00~18:00 / 휴무일 : 일요일, 공휴일 / 가까운 역 : 롯코라이너 아일랜드 센터 역에서 바로 / ※ 쇼룸은 예약제

TOTO www.toto.co.jp

도쿄 센터 쇼룸 / 도쿄도 시부야구 요요기 2-1-5, JR 미나미신주쿠 빌딩 7·8F / ☎ 0120-43-1010 / 영업시간 10:00~17:00 / 휴무일 : 수요일(공휴일의 경우 개관), 여름휴가, 연말연시 / 가까운 역 : JR 신주쿠 남쪽 출구에서 도보 5분, 요요기 역에서 도보 3분 / ※ 전국에 104개의 쇼룸이 있음.

야마젠 글로벌 쿡 후들 www.cookhoodle.com

☎ 058-272-0311
※ 쇼룸 없음. 전국 취급점은 홈페이지에서 확인 가능.

노리츠 www.noritz.co.jp

오사카 쇼룸 NOVANO / 오사카부 오사카시 요도가와구 미야하라 3-5-24, 신오사카 다이이치세메 빌딩 1F / ☎ 06-6350-6271 영업시간 10:00~17:00 / 휴무일 : 수요일, 여름휴가, 연말연시 / 가까운 역 : JR 신오사카 역에서 도보 6분 / ※ 이 외에 전국 각지에 쇼룸이 있음.

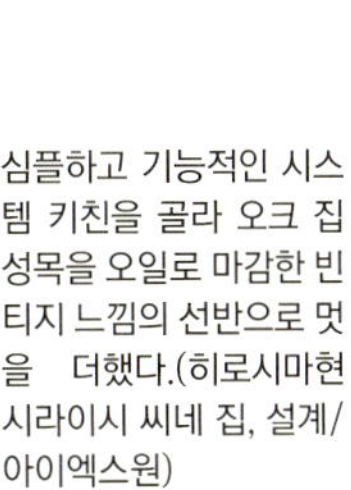

KITCHEN

〈파나소닉〉의 심플하고 아름다운 시스템 키친

KITCHEN

〈야마하리빙데크(현, 토클라스)〉의 깔끔한 시스템 키친(레인지 후드 제외)

심플하고 기능적인 시스템 키친을 골라 오크 집성목을 오일로 마감한 빈티지 느낌의 선반으로 멋을 더했다.(히로시마현 시라이시 씨네 집, 설계/아이엑스원)

부부가 함께 요리하기 위해 넓이와 기능성을 중시했다.(사이타마현 야마다 씨네 집, 설계 및 시공/스테디 스타일 1급건축사 사무소)

RANGE HOOD

기성품을 특별 주문한 스테인리스 커버로 덮어 주문제작으로 변신시킨 레인지 후드

심플한 키친이 모던 인테리어에 잘 어울린다.(효고현 M씨네 집, 설계/러브디자인홈즈)

KITCHEN

넓은 작업 공간을 실현한 우드원의 시스템키친

COOKING HEATER

미적 감각이 뛰어난 〈가게나우〉의 IH 쿠킹히터

손님이 왔을 때 모여 앉는 주방 작업대에는 멋스러운 IH쿠킹히터를 설치했다.(구마모토현 우에다 씨네 집, 설계/아틀리에 SORA)

KITCHEN

〈에이다이산교〉의 프레임 구조, 올 스테인리스 키친, '게토 스타일 키친 S-L'

과자 만들기가 취미인 아내가 꿈꾸던 넓은 주방. 기성품을 바탕으로 수도꼭지, 손잡이 등을 직접 골라 자기 스타일을 만들었다.(도야마현 이시이 씨네 집, 설계/퍼스트 설계)

우드원 www.woodone.co.jp

우드원플라자 신주쿠 / 도쿄도 신주쿠구 니시신주쿠 3-7-1, 신주쿠파크타워 리빙디자인센터 OZONE 6F / ☎ 03-5322-6540 영업시간 10:30~19:00 / 휴무일 : 수요일(공휴일은 개관), 여름휴가, 연말연시 / 가까운 역 : JR 신주쿠 서쪽출구, 남쪽출구에서 도보 15분(서쪽출구에서 무료 셔틀버스 이용가능) / ※ 이 외에 전국 33개 쇼룸이 있음.

에이다이산교 www.eidai.com

신주쿠 쇼룸 / 도쿄도 신주쿠구 니시신주쿠 2-4-1, 신주쿠 NS빌딩 12F / ☎ 03-3349-1971 / 영업시간 10:00~17:00 / 휴무일 : 수요일, 골든위크, 여름휴가, 연말연시 / 가까운 역 : JR, 오다큐선, 도쿄메트로 신주쿠 역 남쪽출구·서쪽출구에서 도보 약 10분

파나소닉 http://sumai.panasonic.jp

파나소닉 리빙 쇼룸 도쿄 / 도쿄도 미나토구 히가시신바시 1-5-1, 파나소닉 도쿄 시오도메 빌딩 / ☎ 03-6218-0010 / 영업시간 10:00~17:00 / 휴무일 : 수요일(공휴일일 경우 개관), 여름휴가, 연말연시 / 가까운 역 : JR 신바시 역에서 도보 5분 / ※ 이 외에 전국 60개 쇼룸이 있음.

토클라스 www.toclas.co.jp

신주쿠 쇼룸 / 도쿄도 시부야구 요요기 2-11-15 가이죠니치도 빌딩 1F / ☎ 03-3378-7721 / 영업시간 10:00~17:00 / 가까운 역 : JR 신주쿠 역 서쪽출구에서 도보 5분 / ※ 이 외에 전국 41개 쇼룸이 있음.

린나이 http://rinnai.jp

☎ 052-361-8211(대표전화)
※ 쇼룸 없음. 전국 취급점은 홈페이지에서 확인 가능.

가게나우 www.gaggenau.co.jp

도쿄 쇼룸(완전 예약제) / 도쿄도 치요다구 이와모토정 2-8-9, 린케빌딩 6F / ☎ 03-5833-0833 / 영업시간 10:00~17:00 / 휴무일 : 토요일, 일요일, 공휴일(토요일은 부정기적으로 영업) / 가까운 역 : 도쿄 메트로 고텐마초 역에서 도보 5분 / ※ 이 외에 아시야에도 쇼룸이 있음.

포틀랜드, 브루클린, 파리, 일본

좋아하는 것들로 가득 찬
기분 좋은 키친

**PORTLAND
BROOKLYN
TOKYO
PARIS
OKAYAMA**

친한 사람들과 식탁에 둘러 모여 수다를 떤다.
특별할 것이 없지만 정말 행복한 시간.
그런 풍요로운 삶의 방식이 세계적으로 주목받고 있다.
진짜 집다운 아늑함이 느껴지는 9곳의 키친 라이프!

식당을 지나 밖으로 연결되는 시원한
주방. 기분 좋은 바람이 드나든다.

이케아 선반 위에 늘어선 욕실용품. 절묘하게 살린 간격에서 센스가 느껴진다.

1.커다란 창밖에 초록빛이 한가득 비치는 기분 좋은 식당. 매트룸(신발의 흙을 터는 장소)이라고 불리는 포치를 개조했다. 2.직접 설치한 선반과 자석 바에 조리도구를 정리했다. 색의 수를 제한함으로서 깔끔한 주방이 되었다. 3.집 여기저기에 꾸미지 않은 듯 놓여 있는 식물

PORTLAND

초록, 빛, 바람이 넘치는 마음 포근한 오가닉 라이프

Job: 스타일리스트   은행 애널리스트

Name: 사라 반 레이단 씨   폴 크리스찬 투어빌 씨

주방 옆, 정원으로 이어지는 문 옆에는 식물 코너를 마련해 개성적인 다육식물로 꾸몄다. 잘 보면 아래쪽은 아이의 주방놀이 용품들. 절로 미소 지어지는 광경이다.

평소 쓰는 식기류는 주방 선반에 열린 수납으로. 식기류는 요리가 돋
보이는 화이트가 기본이다.

포틀랜드의 도심에서 차로 15분. 나무로 둘러싸인 한적한 주택가에 4인 가족으로 살고 있는 사라 & 폴 씨 부부. 장녀가 태어나기 전, 반년 동안 찾아 헤맨 끝에 1914년에 지어진 단독주택을 구입했다.

당시 빨강과 초록으로 덮여 있던 벽을 차분한 색으로 덧칠하고, 친구들의 도움을 받아 직접 리폼을 계속하여 지금의 아늑한 집을 만들었다고 한다. 어렸을 때 어머니와 함께 헛간 세일에 가서 오래된 가구를 사 와서는 수리하여 재활용하는 즐거움을 배웠다는 사라 씨. 이 집에서도 그런 생각을 담은 가구가 포인트가 되고 있다.

사라 씨는 포틀랜드 출생. 남편 폴 씨도 학창시절부터 포틀랜드에 살아서 두 사람 모두 뼛속까지 포틀랜드 사람이다. 이곳 생활의 매력을 물어보았다.

"비는 많지만 숲이 풍요롭고 온화한 기후의 지역이죠. 이곳 사람들은 생활환경과 교육에 대한 관심이 높아요. 그리고 미국 전체에서 몇 안 되는, 소비세가 없는 주예요. 생활비도 다른 주에 비해 그다지 높지 않아서 우리도 20대에 단독주택을 살 수 있었어요."

밭에서 채소와 닭을 기르고, 아늑한 주방에서 요리를 하며 햇살 드는 식탁에서 대화하며 식사를 즐긴다.

심플하지만 정말 매력적인, 그야말로 질 높은 삶이 거기 있었다.

1.쉼이 있는 인테리어에는 정원에서 꺾어온 풀꽃이 제격이다. 2.주방 안쪽에 식당을 마련하여 거실이 확 넓어졌다. 이곳이 아이들의 놀이터.

3.주방 내에 있는 계단. 거실에서는 보이지 않는 사각지 대다. 4.프리랜서 스타일리스트로 활약하는 사라 씨는 두 딸을 둔 엄마다.

5.6.7.폴 씨의 제안으로 공터에 만든 커뮤니티 가든(지역에서 소유·관리하는 정원이나 밭). 사라 & 폴 일가도 주말마다 온 가족이 와서 텃밭 가꾸기와 수확을 즐긴다. 아이들의 식생활 교육에도 도움이 된다.

BROOKLYN
누구에게나 친밀한 공간 만들기

Job: 니트모자 브랜드 ⟨LYNN & LAWRENCE⟩ 의 오너 & 디자이너

Name: 제시카 바렌스필드 & 사이먼 하웰 씨

1.초록 페인트를 칠한 히터 위에 선반을 달아 화분과 오브제를 진열했다. 2.햇살이 딱 좋게 들어와서 식물이 잘 자라는 집이 되었다. 3.액자의 질감과 크기를 일부러 통일시키지 않고 패치워크처럼 배치했더니 식물과 자연스레 녹아든다. 4.소파에서 쉬고 있는 두 사람.

"우리 집은 마치 패치워크 같아요. 업무 공간, 대화 나누는 곳, 편히 쉬는 곳. 필요하다 싶은 공간을 이어붙이고 연결했더니 이런 레이아웃이 탄생했어요."
인테리어는 누구에게나 친밀하게 다가와야 한다고 생각하는 두 사람. 너무 잘 꾸며진 나머지 마치 '손대지 마!'라고 말하는 듯한 인테리어는 난센스라고 말한다. 고양이 덕에 소파는 너덜너덜. 하지만 어떻게 하면 그마저 멋스러워 보일까 아이디어를 짜내는 게 즐겁다고.
늘 진화하고 있다는 이 공간. 최근에는 서브렛(단기간 집을 빌려주는 일)을 시작하여 업무공간에 칸막이를 설치했다. 이런 작업도 DIY로 해결하는 것이 두 사람다운 집 가꾸기 스타일이다.

주방 작업대는 다른 집에서 쓸모없어 버리려던 것을 재활용했다. "손님
과 함께 요리할 때가 많아서 누가 봐도 알 수 있도록 물건을 수납해요."

TOKYO

언제나 기분 좋은 장소로 눈앞에 있을 것

Job: 포토그래퍼

Name: 코사카 토모 씨

코사카 토모 씨의 집은 약 10년 전, 평소 동경했던 건축가인 한가이 진코 씨에게 의뢰했다. 부부가 모두 포토그래퍼인지라 한가이 씨로부터 '나중에 스튜디오로 쓸 수 있도록 탁 트인 공간에 살아보는 게 어떠냐?' 라는 제안을 받았고, 구분이 거의 없는 공간, 높이가 3.8m나 되는 천장, 모르타르 바닥, 새하얗게 페인트칠한 벽으로 이루어진 집을 지었다. 기본 인테리어는 말 그대로 스튜디오 분위기의 심플하고 쿨한 스타일이지만, 손때 묻은 가구며 소박한 정취의 코튼 쿠션, 몸을 던지고 싶어지는 소파 등이 긴장을 풀어주는 아늑한 분위기를 자아낸다.

"전체 디자인을 통일시키지 않고 우리가 좋아하는 물건을 믹스 매치했어요. 애들이 모두 남자라서 어딘가 소년다운 분위기가 많이 나죠. 식사 초대하는 것도 좋아하다 보니 식기가 늘었어요."

생활 속에 시간을 들여 키워가고 있는 인테리어다.

1.주방의 열린 공간은 보고 있으면 기분 좋아지도록 꾸몄다. 아끼는 스타우브 냄비는 크기별로 세 개를 겹쳐 쌓아 장식 겸 수납. 2.양념통, 식재료도 유리 용기에 옮겨 담아 진열하면 보기 좋고 쓰기도 편하다. 3.일상의 풍경이 그림이 되는 생활. 4.주방에는 아이들의 키가 새겨져 있다. 5.여러 명이 함께 요리하고 먹는 것을 좋아한다는 유사카 씨. 요리책도 많다. 6.느긋한 공기가 흐르는 평온한 LDK. 많은 인원이 모이면 각자 마음에 드는 장소에서 편안히 즐긴다고.

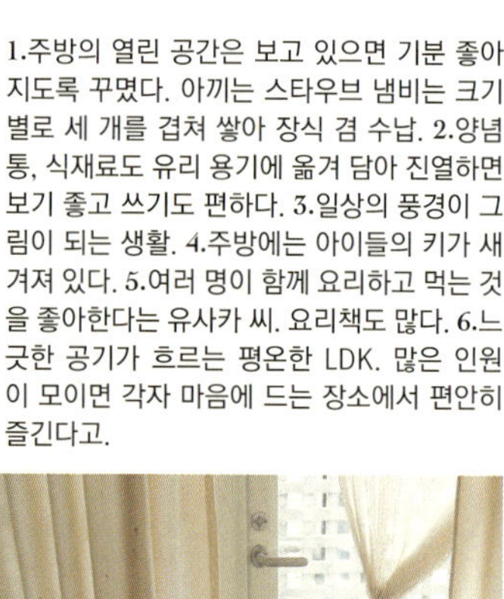

주문제작한 주방. 밖에 꺼내놓는 것은 흰색과
유리 소재로 한정하여 깔끔히다.

PARIS

자유로운 발상으로 인더스트리얼 감성을 즐긴다

Job: 잡화 크리에이터

Name: 조에 드 라스카 씨

주방 작업대는 옷감 가게에서 쓰이던 오래된 작업대에 가스레인지를 빌트인한 것. 싱크대 쪽에는 앤티크 저울과 주방놀이 장난감으로 꾸며 쾌활한 분위기를 연출했다.

파리 17구. 한적한 주택가에 위치한 조에 씨와 벤자민 씨의 아파트. 현관을 들어서면 널찍한 공간이 펼쳐지고 큰 창에서 밝은 빛이 쏟아지는 너무나도 편안한 공간. 그런데 알고 보니 창고로 쓰이던 곳이라 한다.
5년 전, 6개월 동안 집을 찾아 헤매다 이곳을 찾아낸 조에 씨.
'칸막이도 문도 아무것도 없는 100% 자유로운 공간에 한눈에 반해서' 그 자리에서 결정했다고. 벤자민 씨와 둘이서 구조를 고민하고 중요한 곳만 전문가에게 맡기며 자기 손으로 집을 완성했다.

TOKYO

오래 동경해 온 브루클린 스타일

Job: 게임개발자

Name: 지바 나오토 & 쓰바사 씨

오픈 선반에 식기와 조리도구가 늘어서 있다. 측면 벽에 직접 설치한 칠판에 브루클린 스타일의 그래픽이! "평소에는 쇼핑 목록이나 연락 사항 전달에 쓰고 있어요."

벽돌을 쌓아 올린 벽에 철제나 빈티지 가구가 늘어서 남성적인 분위기가 감도는 LDK. 분명히 나오토 씨가 주도한 인테리어일 것이라 생각했더니 쓰바사 씨의 작품이라고.

"어른이 되고 나서는 이런 스타일 인테리어가 좋아서 빈티지 간판이며 소품을 사 모았어요."

유럽보다는 미국, 서해안보다는 동해안, 그중에서도 뉴욕의 브루클린. 특히 거친 인더스트리얼 감성이 너무나 좋다고 한다.

"벽도 무거운 느낌을 내려고 파랗게 칠했어요!"

이 공간의 포인트가 되어주는 것은 식물. 철과 가죽의 무거운 질감에 청량감을 더해 준다.

PARIS

복고풍 타일과 메탈 소재로 예술작품 같은 키친

Job: 아티스트

Name: 오렐리 마티고 씨

좋아하는 색인 블루를 기본으로 한 차분한 주방. 오래된 타일을 인테리어에 활용하는 것이 특기다. 대담하게 메탈 소재로 문을 만들어 절묘한 균형을 이루었다.

파란색을 좋아하는 오렐리 씨. 파리 동부의 번화가에 약 10년 전 단독주택을 구입하여 시골집처럼 개조했다.

천장을 무너뜨려 나무 들보를 드러내고 향수를 불러일으키는 타일을 깔았다. 물론 주방도 좋아하는 색과 부품을 사용해 자기만의 스타일로 바꾸었다. 특히 바닥과 벽에 붙인 타일이 마음에 든다고.

"인생의 긴 시간을 집에서 보내죠. 그래서 나답지 않은 집은 싫어요." 이렇게 말하는 오렐리 씨. 공들여 고친 주거공간은 그녀가 만드는 예술작품이 자연스레 녹아드는 기분 좋은 공간이다.

1.아티스트 가문에서 태어난 오렐리 씨. 니트, 텍스타일, 자수 등 폭넓은 분야에서 활약하고 있다. 두 아이의 엄마로서도 바쁜 나날을 보내는 그녀. 2.직접 디자인한 장식장. 3.야외로 이어지는 기분 좋은 주방.

덩굴장미를 심어 자연의 분위기를 즐기는 쉐이드 가든.

약 20년 전, 앤티크를 처음 접하고 바라보는 것만으로 마음이 풍요로워지는 매력에 빠졌다는 이가 씨. 14년 전에 세운 이 집의 테마는 물론 '앤티크가 어울리는 집'이었다.

LDK는 소나무 원목 가구를 중심으로 한 영국풍, 침실은 흰색＋포인트색으로 파리 교외풍, 아틀리에는 고목재를 바닥에 깔아 조금 무겁게 연출했다. 그리고 아끼는 물건들이 가장 잘 어울리는 제자리를 찾아주었다. 테두리를 꾸미고, 작은 것들은 모으고 보다 멋지게 보이는 곳에 두기 위해 고민을 거듭했다. 바쁜 일상 속에도 "생각이 나면 한밤중에라도 바꿔놓아야 해요(웃음)." 라는 말에서 그녀가 지닌 인테리어에 대한 애정과 열의가 느껴졌다.

OKAYAMA

앤티크가 빛나는 컨트리 키친

Job: 〈사라즈〉 하우스 플래너

Name: 이가 지에 씨

1.유럽풍 집 만들기로 정평이 나 있는 하우스 빌더 〈사라즈〉에서 기획과 설계를 담당하는 이가 씨. 직접 설계한 목재 오리지널 키친은 세련된 컨트리 스타일이다. 2.3.가구와 식기도 인테리어에 어울리는 좋은 소재로 엄선하여 꾸밈없이 놓아도 멋스럽다.

TOKYO

러프 & 정크, 허세가 없는 멋

Job: 설계사

Name: 간노 & 미키 씨

"어머니가 여기 놀러 오시면 왜 낡은 것만 골라서 두냐고 고개를 갸웃거리세요(웃음). 하지만 조금은 거칠고 낡은 물건들과 함께 있으면 마음이 차분해져요."
미키 씨의 말이다.
"바탕은 되도록 심플하고 내추럴하게 마무리하고 곳곳에 거친 맛을 살렸어요."
직접 손으로 만드는 것을 좋아하는 두 사람. 식탁과 벤치는 바닥재에 철제 다리를 붙여 만들었다. 식기건조기의 문이나 인더스트리얼 감성의 스위치도 DIY로 취향을 살려 만든 것. 가족의 성장과 함께 앞으로도 진화를 거듭할 주거공간이다.

1.스테인리스, 벽돌, 고목재풍 벽지 등으로 러프한 분위기를 연출한 주방. 2.꾸밈없고 정크한 분위기가 보기 좋은 LDK.
"주방을 둘러싼 유리 칸막이는 〈트럭(TRUCK)〉 오너의 집에서 보고 참고했어요."

쓰레기통도 작업실 느낌으로.
〈아스플란드(ASPLUND)〉에서 구입

BROOKLYN
재생을 테마로 한, 손때 묻은 멋

Job: 가죽브랜드 〈ARTEMAS QUIBBLE〉 운영

Name: 제이슨 로스 & 나타샤 체코장 씨

브루클린 북서부에 위치한 레드후크는 한 때 항구로 번성했던 공업지구. 교통편이 별로 좋지 않아 주택 임대료가 저렴한 편 이라 많은 예술가가 모여 살게 되었고 지 금은 주목받는 지역이 되었다. 공장 분위 기가 남은 로프트(공장을 개조한 아파트)가 주거공간으로 인기를 끌고 있고, 제이슨 씨도 4년 전 이 로프트를 구입했다. 가구 는 대부분 빈티지. 주워온 것도 있고 가족 과 친구로부터 물려받은 것도 있다.

'낡은 것의 재생'은 제이슨 씨 디자인 작업 의 콘셉트이기도 하다. 공장을 재생한 로 프트 자체가 두 사람의 가치관에 딱 맞는 주거형태다.

주방 또한 셀비지 & 빈티지 느낌을 살린 완전 맞춤형. 냄비가 걸려 있는 동판 패널 과 바는 남편 제이슨 씨의 작품이다. 부부 의 감성이 응축된 멋진 주방이다.

1.나타샤 씨와 사랑스러운 딸 알렉산드라. 2.가죽끈으로 묶은 드라이플라워 부케. 3.현관을 들어가면 바로 보이는 주방. 식탁 을 따로 두지 않고 온 가족이 카운터에서 식사한다.

힘들이지 않고 느긋하게 즐기며 준비해요!

히로사와 교코 씨의
손님 오는 날의 인테리어 & 식탁

맛있는 밥에 이끌리듯, 허물없는 친구들이 자연스레 모이는 집.
푸드 코디네이터 히로사와 교코 씨의 집을 방문하여
맛있고 기분 좋은 손님 접대 비결을 찾아보았습니다.

〈제트민민(JetMinMin)〉의 앞치마 끈을 질끈 동여매는 것으로 시작하는 하루. 손님이 오기 3시간 정도 전부터 조리를 시작한다.

COOKING

"밑손질 해 두었다가 금방 만들어 낼 수 있는
오븐 요리와 마리네이드가
우리 집 단골 메뉴에요."

전날 미리
준비해두기

1.오늘의 메인 요리는 후쿠오카산 돼지고기 브랜드 '리버 와일드'로. "전날 조금만 수고하면 요리가 훨씬 맛있어져요." 2.3.구이판에 채소와 돼지고기, 정원에서 뜯어온 타임을 올려놓으면 준비 완료. 오븐에서 구우면 완성되는 간단 요리다.

KYOKO HIROSAWA
푸드 코디네이터. 잡지와 요리책 등에서 레시피를 제안하고, 스타일링, 케이터링, 푸드 이벤트, 식당 메뉴 코칭 등 폭넓게 활약하고 있다. 아들을 둔 엄마로서도 매일 고군분투 중. www.cookluck.com

결혼을 계기로 히로사와 씨가 도쿄에서 후쿠오카로 거점을 옮긴 것은 2009년. 그로부터 3년 후 우연히 이곳 땅을 발견하고 후쿠오카 시 서쪽에 인접한 이토시마 시로 이사 왔다.

"이토시마는 겐카이나다(현해탄)가 가까워 생선이 맛있는 것은 물론, '이토시마 채소'로 불리는 채소들도 맛이 진하고 달아요. 금방 수확한 재료를 구할 수 있으니 신선함이 다르죠! 차로 1시간 정도 걸리는 우키하 시는 과일 산지라, 과일을 먹여 키운 돼지고기 브랜드도 있고, 후쿠오카는 먹거리의 보물창고에요." 친구나 부모님이 도쿄에서 놀러 오는 일도 많아 이 지역 식재료가 활약한다고 한다.

"이 지역 식재료의, 몸이 부르르 떨릴 정도의 맛(웃음)을 어떻게 하면 제대로 보여줄 수 있을까, 레시피를 짤 때도 그 점을 가장 먼저 생각해요. 우리 집 접대용 단골 메뉴는 돼지고기 오븐구이와 마리네이드. 오븐 요리는 구워내면 끝, 마리네이드는 미리 만들어 둘 수 있으니 손님이 왔다고 허둥지둥할 필요가 없죠."

4.마리네이드 국물이 잘 스며들도록 방울토마토는 끓는 물에 데친 후 찬물에 넣었다가 물기를 제거해서 껍질을 깐다. 5."다 같은 색이어도 상관없지만 여러 색이 섞이면 더욱 예뻐요! 차갑게 식히면 더 맛있으니 가장 먼저 조리해두세요."

6.결혼 전부터 애용하던 냉장고. 그 위에는 찜기 등 습기를 피해야 하는 조리도구를 보관한다. 7.앤티크 포트와 〈ONE KILN CERAMICS〉의 양념통이 멋스럽다!

쇼분식초에서 나오는 〈아프리비네가〉나 미쓰루 간장 양조원의 〈나마나리 간장〉 등 조미료도 지역에서 생산되는 것을 애용한다.

2012년부터
후쿠오카 · 이토시마에서의
생활 시작!

새집은 남편인 오후치 마코토 씨가 설계, 시공한 넓은 단층주택. 데크를 만들고 식물을 심고, 살면서 조금씩 외관을 정비하고 있다.

선반에는 길에서 주워온 나무
열매로 디스플레이를.

1.손님이 가장 먼저 만나는
현관에는 꽃을 풍성하게 꽂
아 화려하게. 2.이토시마에
는 화훼농가가 많아 직접 구
입하는 일이 많다고. "색이나
향이 강한 꽃은 별로예요. 요
리를 돋보이게 하는 심플한
것으로 고르죠." 3.청소 마
무리로 현관과 수도를 중심
으로 아로마 스프레이를 뿌
린다. 아들 카에도 함께.
4.화장실 세면대에도 작은
꽃이 있다. 타올걸이에 거실
에서 뜯어온 허브를 걸어 향
을 더했다.

5.과일, 채소 등 식재료로
꾸미는 히라사와 씨 특유의
내추럴 디스플레이. 6.식당
벽면에 있는 수납장은 남편
마코토 씨의 작품. 작은 그
릇과 커트러리를 보관한다.

3.8m 높이의 천장이 개방감
을 주는 LDK. 주방 벽에는 포
인트가 되도록 타일을 발랐다.

"따뜻한 분위기를 내고 싶어
서 오늘은 좀 짙은 색으로 골
랐어요. 천 한 장으로 대접받
는 느낌이 나고 인테리어도
한층 돋보이는 것 같아요."

"손님이 온다고 특별히 장식하거나 하진 않아요. 하지만 집을 깨끗이 청소해두는 건 기본 매너죠." 웃으며 말하는 히라사와 씨. 수도 주변은 특히 주의를 기울인다.
"아무리 멋진 호텔이나 상점도 물 쓰는 곳이 지저분하면 정이 떨어지잖아요? 머리카락 하나도 떨어져 있지 않도록, 물방울도 깨끗이 닦아내요. 그리고 냄새도 중요해요. 자기 집에서 어떤 냄새가 나는지 나는 잘 못 느끼지만 손님에게는 거슬릴 수 있으니 마지막에 아로마 스프레이로 공간에 향을 더해요."
지역특산 과일이나 식재료도 공간 장식에 쓰인다. 여름에는 조개껍데기, 가을에는 과실 등 주워온 자연의 선물들. 이러한 내추럴 디스플레이가 손님을 편안하게 하고 대화 소재가 되기도 한다.

INTERIOR DECORATING

"물 쓰는 곳은 정갈히 청소하고,
꽃과 향을 더해서
손님맞이 준비를 해요."

프렌치 앤티크나 일본 작가의 그릇, 나무 도마 등 소재를 믹스 매치하여 캐주얼한 식탁이 완성되었다.

TABLE SETTING

"원하는 만큼 덜어 먹으며 즐기는 가벼운 파티.
나무와 도자기 소재로 온기를 더한다."

마실 것은
여러 종류로
준비해요!

1.2.커피, 홍차, 볶은 차, 상그리아, 주스를 준비했다. "오늘의 상그리아는 사과를 이용했어요. 주니퍼베리를 곁들이는 게 비결이죠. 따뜻하게 마셔도 맛있답니다."

3.4.미리 만들어놓은 마리네이드와 오븐요리는 손님이 도착해 테이블에 앉은 후에 살짝 담아내면 완성이다.

다양한 무늬의 종이 냅킨.
"살짝 놓아두면 테이블 스타일링에 포인트가 되는 추천 아이템이에요."

종이 냅킨으로
대접받는 기분을!

5.앞접시는 직경 22cm 정도가 쓰기 편하다. 6.식품저장실에는 큰 접시나 직접 담근 매실주 등 보존병이 즐비하다.

TODAY'S MENU

배추샐러드 (4인분)

1. 배추 1/4개는 잎 부분을 한입 크기로 찢어 씻고 물기를 제거한다.
2. 먹기 직전 볼에 넣어 소금 한 자밤을 넣고 살짝 무친다 (너무 많이 주물러 숨이 다 죽지 않도록 주의). 귤 1/2개로 즙을 짜서 섞는다.

브로콜리 & 치즈 딥 (만들기 좋은 분량)

1. 브로콜리(소) 1개를 작게 자르고 소금물에 데쳐 부드럽게 한다. 체로 물기를 거르고 볼에 넣어 포크로 으깬다.
2. 실온에 두어 부드러워진 크림치즈 150g을 넣고 잘 섞은 후 약간의 소금으로 간을 한다.
※ 바게트나 크래커를 찍어 먹는다.

돼지고기와 연근 로스트 (4~5인분)

1. 돼지고기 덩어리육 600g에 칼집을 넣고, 마늘 1쪽을 8등분 하여 사이에 끼워 넣는다. 막소금 1큰술(조금 적게), 타임 6줄기를 순서대로 뿌리고 랩으로 싸서 하룻밤 재어둔다.
2. 연근 150g은 1cm 두께의 은행잎 모양으로 썰어 물에 헹구고, 양파 1개는 2cm 크기로 자른다.
3. 프라이팬에 올리브유 1작은술을 두르고 돼지고기를 구워 전체적으로 색을 낸다.
4. 구이판에 오븐시트를 깔고 물기를 제거한 연근, 양파를 늘어놓고 소금을 약간 뿌린다. 3의 돼지고기, 타임을 적당량 올리고 올리브유 2작은술을 전체적으로 뿌린 후 180도로 예열한 오븐에서 40분간 굽는다.
5. 알루미늄 포일로 돼지고기를 감싸고 오븐의 잔열에 30분간 더 둔다.
6. 돼지고기를 먹기 좋은 크기로 자르고 채소와 함께 그릇에 옮겨 담은 후 흑후추를 갈아 뿌린다.

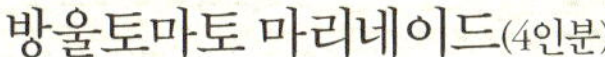

가지와 파의 진저 마리네이드 (4인분)

1. 가지(소) 4개는 1cm 폭으로 링썰고, 파 1줄기는 3cm 길이로 자르고 세로로 반을 가른다. 햇생강은 얇게 4장을 썰고 채썬다.
2. 프라이팬에 올리브유 1큰술을 둘러 가열하고, 가지를 나란히 올려 양면 모두 굽는다. 파를 더해 볶고 소금을 약간 뿌린다.
3. 넓은 접시에 간장 1작은술, 화이트발사믹식초 1큰술, 소금 약간, 생강을 넣고 섞다가 2의 재료를 식기 전에 넣어 잘 섞는다. 실온에서 15분 이상 두어 열을 식힌다(차갑게 해도 맛있다).
4. 그릇에 옮겨 담고 거칠게 간 흑후추를 조금 뿌린다.

방울토마토 마리네이드 (4인분)

1. 노랑, 빨강, 주황색 방울토마토를 각 8개씩 준비해 끓는 물에 데치고 껍질을 깐다. 적양파(소) 1개는 얇게 채 썬다.
2. 볼에 1을 넣고 발사믹 식초 1큰술, 소금 약간, 레몬 올리브유 1큰술을 넣어 가볍게 섞고 냉장실에 1시간 이상 둔다.

오늘은 어른들끼리의 모임이지만, 아이를 동반한 친구들 모임도 있다. 좋은 식재료가 풍부한 곳. "언젠가는 이토시마의 식재료를 이용한 요리 교실을 열고 싶어요!"

마음을 터놓고 지내는 친구나 가족을 자주 초대하므로 테이블 세팅은 대체로 캐주얼하다.

"큰 접시에 요리 하나씩 담고 원하는 만큼 덜어 먹는 스타일이면 인원이 좀 늘어도 문제가 없고 각자 먹는 양을 조절할 수 있어서 좋아요. 타원형 그릇이나 나무 도마처럼 긴 형태가 담아내기 편해요. 크지만 별로 걸리적거리지 않고 식탁에 변화를 주죠. 앞접시는 같은 것으로 통일하지 않아도 색과 크기가 대략 비슷하면 괜찮아요(웃음)."

미리 준비해놓을 수 있는 오븐구이와 마리네이드를 메인 요리로 하면 손님이 도착한 후 옮겨 담는 것만으로 완성된다.

"손님이 온 후 진행하는 상차림 과정이 얼마나 간결한가가 중요해요."

맛있는 요리가 즐비한 것도 좋지만 호스트가 요리를 위해 주방에만 있기보다 대화 속에 끼어들어 다 같이 즐기는 것이 가장 좋은 대접이다.

EVERYDAY

KITCHEN

옮긴이 이소영

경북대학교 일어일문학과 졸업. 일본계 기업에서 통번역 일을 하던 중 좋아하는 책과 잘 하는 일본어의 조합을 찾아 번역의 길에 이르렀다. 오늘의 삶에 보템이 되는 책 번역을 당장의 목표로 삼고 일서 출판 기획 및 번역가로 활동 중이다. 옮긴 책으로는 〈괜찮아 괜찮아〉 〈식사순서혁명〉 〈파니니와 오픈샌드위치〉 〈빈티지 홈〉 〈교양의 시대〉 〈내가 사랑하는 따뜻한 것들〉 〈수프와 빵〉 〈찬바람 불 땐, 나베 요리〉 〈지유가오카 베이크샵의 시크릿레시피〉 등이 있다.

에브리데이 키친 EVERYDAY KITCHEN
언제나 머물고 싶은 키친 만들기

펴낸날 | 2017년 5월 1일
지은이 | 주부의벗
옮긴이 | 이소영
펴낸곳 | 윌스타일
펴낸이 | 김화수
출판등록 | 제300-2011-71호
주소 | (03174) 서울시 종로구 사직로8길 34, 1203호
전화 | 02-725-9597
팩스 | 02-725-0312
이메일 | willcompanybook@naver.com
ISBN | 979-11-85676-39-5   13590

* 윌스타일(WILLSTYLE)은 윌컴퍼니(WILLCOMPANY)의 취미·실용 전문 브랜드입니다.

이 도서의 국립중앙도서관 출판예정도서목록(CIP)은 서지정보유통지원시스템 홈페이지
(http://seoji.nl.go.kr)와 국가자료공동목록시스템(http://www.nl.go.kr/kolisnet)에
서 이용하실 수 있습니다.(CIP제어번호: CIP2017009767)